環境と化学
グリーンケミストリー入門
第3版

荻野和子・竹内茂彌・柘植秀樹 編

東京化学同人

まえがき

　化学は現代の豊かな生活を支えているが，ここ100年ほど，人為的な活動によって化学物質が大量に放出されたことによる地球環境への好ましくない影響が重大な問題になってきた．米国で1990年代半ばに提唱されたグリーンケミストリーでは，化学製品を"環境にやさしいもの"にするばかりではなく，その製造過程においても"廃棄物を，出してから処理するのではなく，はじめから出さない"という"環境にやさしいものづくり"を目指している．わが国では，持続可能という理念を強調し，人と環境にやさしく，持続可能な社会を支えるグリーン・サステイナブルケミストリー（GSC）が提唱され，2000年に産・学・官の連携によりGSCネットワークが設立された．なお，GSCと狭義のグリーンケミストリーを含め，しばしば"グリーンケミストリー"といわれる．

　グリーンケミストリーの理念の普及を目指し，環境にやさしい持続可能な社会をいかに築くかという視点の教科書として2002年に本書の初版が上梓された．おもに理工系の大学1，2年生を対象にするが，文系学生，小学校，中学校，高等学校の教員，教員志望の学生諸君，さらに一般市民の方々に読んでいただくことを意図した．

　環境問題を取巻く状況の変化は速く，GSCの理念を科学技術の中心に位置づける取組みも浸透してきた．このような変化に対応するため，2009年に第2版を，このたび第3版を刊行する運びとなった．第3版の章立ては第2版とほぼ同じである．

　空気と水は私たちにとって最も大切な環境である．第1章，第2章では，まず空気と水を取上げる．わが国では経済の高度成長期に汚染・汚濁が進んだが，現在ではかなり改善されている．このような改善にグリーンケミストリーが寄与している．水については，資源としての観点も盛り込んだ．

　第3章，第4章では，人間活動によって引起こされた可能性が高い気候変動，オゾン層破壊の問題を取上げる．

　暮らしや産業にエネルギーは欠かせない．エネルギーを取巻く状況は，最近目まぐるしく変化していることは日々のニュースでお気づきであろ

う．たとえば，ヨーロッパの多くの国で太陽光・太陽熱，風力の利用が全エネルギーの10％を超えている．第5章では，エネルギーと化学の関連を扱う．

　化学産業はさまざまな物質をつくり出すことで現代の豊かな生活を支えている．第6章では，グリーンケミストリーによる有用化合物をつくる研究と成果を取上げる．

　日常生活のなかで，われわれはさまざまな合成高分子（プラスチック）に取囲まれている．第7章では，高分子化学の基礎的事項とプラスチックの環境問題を取上げる．また，グリーンケミストリーとして生分解性プラスチックに加えて急速に研究が進んできたバイオマスプラスチックを含む"バイオプラスチック"について解説する．

　廃棄物の発生を減らし，有限な資源の枯渇を防ぐためには，廃棄物の再生利用（リサイクル）とリサイクルを前提とした製品の開発が重要である．これらも広義のグリーンケミストリーの重要な分野である．第8章ではリサイクルの意義，現状と問題点について考える．

　本書では，環境問題の理解には不可欠な化学の基礎知識を含めてわかりやすい解説を心がけた．環境の保全には化学の果たすべき役割が大きいこと，化学者がGSCの理念で有用な化学物質をつくろうとしていることが理解できるであろう．

　第3版の編集方針を決めた直後，2016年5月に，編者の一人 柘植秀樹先生が逝去された．先生を偲びつつ編集にあたったが，このたび無事刊行する運びになったことをうれしく思う．

　第3版の作成にあたり，橋本純子氏，内藤みどり氏をはじめとする東京化学同人の方々のお世話になった．深く感謝申しあげる．

　2017年11月

荻　野　和　子
竹　内　茂　彌

執　筆　者

荻　野　和　子　　東北大学医療技術短期大学部名誉教授，理学博士
　　　　　　　　　　　　　　　　　　　　　　　　　　（はじめに，第1章）

尾　中　　篤　　神奈川大学 客員教授，東京大学名誉教授，理学博士
（まこと）　　　　　　　　　　　　　　　　　　　　　　（第6章）

川　﨑　昌　博　　北海道大学北極域研究センター 客員研究員，
　　　　　　　　　京都大学名誉教授，理学博士　　　　　（第4章）

北　野　博　巳　　富山大学名誉教授，工学博士　　（第7章，p.130 コラム）

源　　明　　誠　　富山大学学術研究部工学系 准教授，博士（工学）　（第7章）
（げん）（めい）

斎　藤　紘　一　　東北大学名誉教授，理学博士　　（第2章，p.19 酸性雨）

竹　内　茂　彌　　富山大学名誉教授，工学博士　　　　　　　　（第7章）

田　中　　茂　　慶應義塾大学名誉教授，工学博士　　　　　　（第1章）

中　島　信　昭　　大阪公立大学大学院理学研究科 客員教授，
　　　　　　　　　大阪市立大学名誉教授，工学博士　　　　　（第3章）

松　藤　敏　彦　　北海道大学名誉教授，工学博士　　　　　　　（第8章）
（まつ）（とう）

渡　辺　　正　　東京大学名誉教授，工学博士　　　　　　　　（第5章）

　　　　　　　　　　　　　　　　　　　　　　　　　　（五十音順）

目　　次

🌐 **はじめに ── グリーンケミストリーとは** ……………………………… 1
　コラム　ベネフィットとリスク　1／グリーンケミストリーの12箇条　3／
　　　　　　触媒のはたらき　4／タキソール製造と持続可能性　6

❶ 空気をきれいに ……………………………………………………… 7
　1・1　地球大気の構造 ……………………………………………… 7
　1・2　大気の成分 …………………………………………………… 9
　1・3　大気汚染物質 ………………………………………………… 12
　1・4　酸　性　雨 …………………………………………………… 17
　1・5　大気汚染の推移 ……………………………………………… 19
　1・6　大気汚染物質の対策 ………………………………………… 24
　演習問題 ……………………………………………………………… 29
　　コラム　ロンドンスモッグ　13／ラジカル　14／光化学スモッグ　16

❷ 貴重な水資源 ………………………………………………………… 32
　2・1　水の構造と性質 ……………………………………………… 32
　2・2　自然界の水 …………………………………………………… 33
　2・3　資源としての水 ……………………………………………… 36
　2・4　水の浄化と精製 ……………………………………………… 42
　2・5　水資源と環境 ………………………………………………… 45
　2・6　水域環境保全と科学技術 …………………………………… 51
　2・7　貴重な水資源 ………………………………………………… 53
　演習問題 ……………………………………………………………… 54

❸ 気候変動の化学 ……………………………………………………… 56
　3・1　地球は温暖化している ……………………………………… 56
　3・2　赤外線の吸収と地球の温度 ………………………………… 58
　3・3　人間活動と温室効果ガス …………………………………… 72

- 3・4 気候変動の諸要因 ………………………………………………… 76
- 3・5 温暖化への対策 …………………………………………………… 77
- 演習問題 ………………………………………………………………… 79
  - コラム　IPCC（気候変動に関する政府間パネル）　57／大気中の化学種の寿命(滞留時間)　69／吸収効率(赤外線の吸収の割合)　70／ppm, ppb, ppt　73／京都議定書からパリ協定へ　79

4 オゾン層を護ろう …………………………………………………… 81
- 4・1 オゾン層のはたらき ……………………………………………… 81
- 4・2 紫外線とオゾン層 ………………………………………………… 85
- 4・3 オゾン層破壊の化学反応 ………………………………………… 88
- 演習問題 ………………………………………………………………… 97
  - コラム　ヒドロキシルラジカル　89

5 エネルギーを大切に ………………………………………………… 99
- 5・1 人間社会とエネルギー …………………………………………… 99
- 5・2 エネルギーとその変換 …………………………………………… 103
- 5・3 火力発電 …………………………………………………………… 108
- 5・4 燃料電池 …………………………………………………………… 111
- 5・5 バイオマス ………………………………………………………… 114
- 5・6 バイオ燃料 ………………………………………………………… 118
- 5・7 太陽光発電 ………………………………………………………… 121
- 演習問題 ………………………………………………………………… 123
  - コラム　ギブズエネルギー G　106

6 役に立つ物質をつくる ……………………………………………… 127
- 6・1 化学合成のグリーン度を評価する新しい尺度 ………………… 127
- 6・2 触媒的酸化反応の実現 …………………………………………… 132
- 6・3 グリーンケミストリーの考え方に合致した工業化プロセス … 140
- 6・4 化学合成におけるグリーンケミストリーへの期待 …………… 149
- 演習問題 ………………………………………………………………… 151
  - コラム　クリックケミストリー　129／不斉合成　130／均一系触媒と不均一系触媒　135／イオン液体　150／水溶媒　150

7 高分子の化学 ……………………………………………… 155
- 7・1 高分子とは何か ……………………………………… 155
- 7・2 高分子の歴史 ………………………………………… 157
- 7・3 天然の高分子 ………………………………………… 158
- 7・4 高分子の合成 ………………………………………… 162
- 7・5 高分子の構造 ………………………………………… 165
- 7・6 バイオプラスチック ………………………………… 166
- 7・7 バイオプラスチックの評価の方法 ………………… 173
- 7・8 バイオプラスチックの用途 ………………………… 174
- 7・9 高分子の将来 ………………………………………… 175
- 演習問題 ……………………………………………………… 175
  - コラム 合成高分子（プラスチック）の環境問題　167

8 廃棄物のリサイクル ………………………………… 177
- 8・1 リサイクルは環境にやさしいか …………………… 177
- 8・2 循環型社会とリサイクル関連法 …………………… 180
- 8・3 リサイクルの分類 …………………………………… 181
- 8・4 おもなリサイクル …………………………………… 183
- 演習問題 ……………………………………………………… 192
  - コラム 循環型社会とリサイクルに関する法律　181／海外に依存するリサイクルの不安定さ　187／レアメタル　191

演習問題解答 ………………………………………………… 193

索　引 ………………………………………………………… 201

表紙・扉画像：NASA（米国航空宇宙局）による

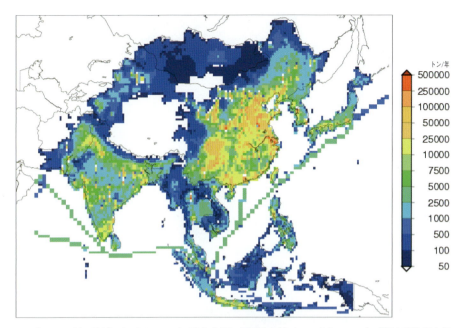

口絵 1　アジア地域における SO$_2$（二酸化硫黄）年間排出量（2003 年）マップ　[国立環境研究所「環境 GIS　東アジアの広域大気汚染マップ」（環境展望台）をもとに作成]（第 1 章 p.18 参照）

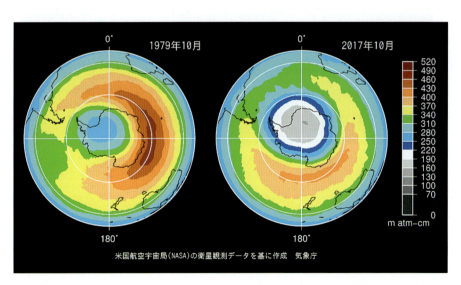

口絵 2　南極域のオゾンホールが現れる前の 1979 年と 2017 年それぞれの 10 月の平均オゾン全量の南半球分布　220 m atm−cm 以下の領域がオゾンホール．米国航空宇宙局（NASA）提供の衛星データをもとに気象庁が作成．気象庁ホームページより引用．　（第 4 章 p.83 参照）
[http://www.data.jma.go.jp/gmd/env/ozonehp/link_hole_monthave.html]

口絵 3　縮小進むアラル海　中央アジアにあるアラル海は1960年代から枯渇し始めた．綿花栽培のための大規模灌漑事業を進めた結果，アラル海へ流れ込む2本の河川からの流入量が激減した．左から1977年，1998年，2010年の衛星画像［米国航空宇宙局（NASA）提供 ©USGS EROS Data Center］
（第2章 p.40 参照）

口絵 4　カリブ海の国トリニダードトバゴのポイントリサ海水淡水化プラント［写真提供：東レ］．この写真に多数見えている横長の白い筒は逆浸透膜エレメントが入った圧力容器というものである．この海水淡水化プラントで約90万人相当の生活用水を生み出す．
（第2章 p.44 参照）

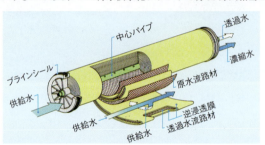

逆浸透膜エレメントの構造を左に図示する．左側からエレメント端面に押し込まれた供給水は，スパイラルに巻かれた逆浸透膜を透過して，真水である透過水と，透過しなかった濃縮水とに分かれる．

はじめに
―― グリーンケミストリーとは ――

● 豊かで快適な生活

　高度な物質文明に支えられ，われわれは豊かな衣食住生活を享受している．なかでも化学は現代の快適な生活に大きな貢献をしている．衣類には合成繊維が多く用いられ，多彩な衣類の染料も化学工業の産物である．コンピューター，家電製品いずれをみても外側はプラスチック，金属などが目につくが，これらはいずれも天然のものではなく，石油や鉱石から多くのステップの化学変化を経てつくられたものである．また，コンピューターの心臓部を考えても，ヒ化ガリウム，シリコンなどの半導体の製造や集積回路の製造加工にも化学的なプロセスが含まれる．木製品ですら，表面には化学工業製品である塗料が使われており，われわれの目に触れるほとんどの人工物は化学産業に関係している．人間の平均寿命が著しく長くなった要因であるさまざまな医薬や衛生状況の改善などを通じても，化学は人類の繁栄に大きく貢献している．

　しかし，人間にとって豊かで快適な生活は地球環境の脅威となってきた．地質時代区分では，現在は新生代第四紀の完新世であるが，近年，地球は新しい時代"人新世"〔ひとしんせい とも読む；アントロポセン anthropocene；クルッツェン（P. Crutzen, p.85 参照）が 2000 年ごろから提唱〕に入ったといわれている．人類

ベネフィットとリスク

　DDT やフロンにみられるように，多くの合成化学物質は，われわれに利益や快適さをもたらすものとしてつくりだされた．しかし，使い方を誤ると，重大な環境破壊をもたらすことになることが明らかになり，製造・使用が規制されている．**ベネフィット**（便益 benefit）と**リスク**をはかりにかけて，製造あるいは使用すべきかどうかを考えなければならない．

が地球に残しつつある爪痕は温室効果ガスの増加ばかりではなく，自然をはるかに凌駕する硫黄酸化物，窒素酸化物の放出，コンクリート，プラスチックなどの地層への堆積などの例がある．

● 環境の危機

　産業革命以来，大量生産・大量消費・大量廃棄が安価な商品の供給を可能にした．特に，この100年余り，医薬，合成高分子など健康で豊かな生活を支える化合物が大量に生産されるようになった．たとえばDDTは蚊やシラミなどの害虫によって媒介されるマラリア，発疹チフスなどの伝染病を激減させ，多くの人命を救った．しかし，大量の殺虫剤の使用は生態系の破壊をもたらした．"Silent Spring (沈黙の春)"〔レイチェル・カーソン（Rachel Carson）著，1962年〕[1]は農薬，殺虫剤による環境汚染への警告の書である．人間がこのまま無秩序・無制限に使い続けていると生態系が乱れてしまい，やがて春がきても鳥も鳴かずミツバチの羽音も聞こえない沈黙の春を迎えるようになるであろうという．このような反省から，農薬，殺虫剤の製造，使用に際しては，環境への配慮が不可欠であることが認識されるようになった．

　産業が活発になるにつれ，大気汚染，水質汚濁，土壌汚染などによって，人の健康が害される公害や事故が起こるようになった．大きな被害をもたらしたわが国の著名な例には，明治時代の足尾鉱毒事件，1950～60年代の水俣病，1950年代のイタイイタイ病，1960年代の四日市市の大気汚染による喘息などがあり，米国では，1970年代に明らかになった土壌汚染のラブカナル事件（Love Canal incident），1960年代のカヤホガ川の火災事件（Cuyahoga River fire：廃油などによる）がある．1984年にインドで有毒のイソシアン酸メチル（殺虫剤製造の原料として使われた）が漏出したボパール事故（Bhopal disaster）は世界最悪の化学工場事故である．

　日本では，1967年の公害対策基本法をはじめ，数多くの法律（大気汚染防止法，水質汚濁防止法，土壌汚染対策法など）や地方自治体の定める条例が整備された．1970年以降，日本をはじめ多くの先進国では公害をある程度克服でき，地域環境は改善されてきた．

　それに対し，地球環境の問題はしだいに顕在化してきた．資源，エネルギー消費が加速し，これらの枯渇も危惧されるようになった．大量に化石燃料を消費した結果，大気中の二酸化炭素が増加し，人為的な活動によりメタンなどの温室効果ガスの激増，土地利用の変化もあいまって**気候変動**（climate change）の悪影響が危惧されている．

　1972年，ローマクラブが取りまとめた報告書"The Limits to Growth（成長の限

界)"[2])が出版された.現在のまま人口増加や環境破壊が続けば,21世紀半ばには資源の枯渇や環境の悪化によって,人類の成長は限界に達すると警鐘を鳴らしており,破局を回避するためには,地球が無限であるということを前提とした経済のあり方を見直し,世界的な均衡をめざす必要があると論じている.

● **持続可能な社会とグリーンケミストリー**[3]

1992年国連環境開発会議で採択されたアジェンダ21の重要なキーワードが**持続可能な開発**(sustainable development)である.有限の地球では経済発展による豊かさの追求には限界がある.日本を含む先進各国は地球環境の改善に向けてさまざまな取組みを始めた.わが国では,1993年環境政策の根幹を定める環境基本法が制定された(公害対策基本法はそれに伴い廃止された).

こうした背景の下に,1994年米国環境保護庁が"**グリーンケミストリー**(green chemistry)"(以下 **GC**)の概念を提唱した.GCの基本的な考え方は,化学物質による汚染を防ぎ,環境問題を解決することである.そのためには,化学製品自体を

グリーンケミストリーの 12 箇条

1. 廃棄物は"出してから処理"ではなく,出さない.
2. 原料をなるべく無駄にしない形の合成をする.
3. 人体と環境に害の少ない反応物・生成物にする.
4. 機能が同じなら,毒性のなるべく小さい物質をつくる.
5. 補助物質はなるべく減らし,使うにしても無害なものを.
6. 環境負荷と経費はなるべく減らし,省エネルギーを心がける.
7. 原料は,枯渇性資源ではなく再生可能な資源から得る.
8. 途中の修飾反応はできるだけ避ける.
9. できるかぎり触媒反応をめざす.
10. 使用後に環境中で分解するような製品をめざす.
11. プロセス計測を導入する.
12. 化学事故につながりにくい物質を使う.

環境にやさしいものにするだけではなく,化学製品の設計,合成法や製造プロセスなど,物質をつくる根元の段階で汚染の発生を未然に防ぎ,環境や健康へのリスクを低減しようとするものである.GCの具体的な内容は,アナスタス(P. T. Anastas)とワーナー(J. C. Warner)によって上記の12箇条にまとめられた[4].

第1条は基本理念を示すものである．
第3条はできるだけ毒性が少ない物質を使うという原則である．
第5条の補助物質の例には，溶媒がある．従来，有機化学の反応は，有機溶媒の中で行うことが多かったが，これらの溶媒は大気中に放出される危険性がある．ベンゼンやハロゲン化炭化水素には発がん性が疑われている．水や超臨界流体を溶媒として用いる，あるいは溶媒をまったく使わない反応などが現在研究されている．
第7条は原料についてである．現在は石油を原料とすることが多いが，石油は枯渇性資源である．これに対し，植物由来の資源（バイオマス）は再生可能である．
第9条は，触媒（catalyst）についてである．選択性が高く，効率的な触媒につ

触媒のはたらき

触媒は化学反応を促進するが，それ自身は反応の前後で変化しない．触媒は，反応物との間で反応中間体をつくり，少ないエネルギーで生成物を生成するとともに，触媒が再生される．触媒を加えると，反応の仕組みが変わるので触媒がないときと別の生成物を生じることもある．また，適切な触媒を選ぶことによって，目的とする特定の化合物を選択的につくることもできる．触媒は，有用物質をつくる（第6章 p.132 参照）ときだけではなく，有害物質の除去にも使われている（第1章 p.24 参照）．

なお，自然界でも触媒はさまざまにはたらいている．たとえば，生体内の反応の多くでは酵素がはたらいているが，酵素は選択性の高い効率的な触媒である．オゾン層では，わずかな量の塩素原子があると，これが触媒となり，たくさんのオゾンが分解される（第4章 p.88 参照）．

いての研究が活発に行われている．

かつて安定で分解しにくい物質は歓迎された．しかし，プラスチックの例でわかるように分解しにくいものは，廃棄されたときに著しく環境を汚染する．また数十年前に使われなくなった有機塩素系殺虫剤は安定なために，現在も残留している．第10条の分解性は，このような教訓に基づくものである．

米国では，1997年にグリーンケミストリー研究所（Green Chemistry Institute, GCI）が設立されたが，2001年に米国化学会の一部となった．

わが国では，1999年に持続性を明示したグリーン・サステイナブルケミストリー（green and sustainable chemistry，略称 GSC）が"人と環境にやさしく，持続可能

な社会の発展を支える化学"として定義された．すなわち，有害化学物質による環境汚染を防止し，資源・エネルギーを枯渇させない持続可能な地球のための化学である．化学製品の設計から原料の選択，製造過程，使用形態，リサイクル，廃棄までの製品の全サイクルにおいて，よりよい健康，安全，環境とともに，品質，性能，および雇用創出へも配慮した循環型経済をめざす．2000 年に産学官の連携組織グリーン・サステイナブルケミストリーネットワーク（Green & Sustainable Chemistry Network, Japan, 略称 GSCN, http://www.jaci.or.jp/gscn/）が設立された．その活動，GSC に関する資料，教材を上記ホームページでみることができる．

本書では GSC を含めグリーンケミストリーとよぶことがある．なお，米国のGC は，主として化学物質の製造についてであるが，わが国の GSC は，そればかりではなく，エネルギー・資源・食糧・水問題の解決へ向けた取組み，持続可能な社会実現のための長期的課題に対する取組み，たとえば，新しい社会システムの導入に貢献する化学技術・製品，環境浄化やリサイクルも含まれる．

持続可能な発展のためには，GSC を世界的に広めることが重要である．各国のGSC 推進組織は連携して国際グリーン・サステイナブルケミストリー シンポジウムを定期的に開催している．

GC，GSC の具体的な例は，本書の各章に出てくる．特に第 6 章では GC の理念に基づいた"ものづくり"を扱う．

● グリーンケミストリーの表彰

グリーンケミストリーに関するすぐれた研究・実践に対し，米国では 1995 年からグリーンケミストリー大統領賞による表彰が始まった．わが国でも GSC ネットワークが，2001 年度からグリーン・サステイナブルケミストリー（GSC）賞を創設した．その業績内容により，経済産業大臣賞（産業技術の発展に貢献した業績），文部科学大臣賞（学術の発展・普及に貢献した業績），環境大臣賞（総合的な環境負荷削減に貢献した業績）がそれぞれ授与されている．現在では，ベンチャー・中小企業賞，奨励賞も加えられている．カナダ，オーストラリア，イタリア，ドイツ，英国などでもグリーンケミストリーの賞が設けられている．2005 年のノーベル化学賞は，効率的で環境にやさしい反応の触媒の研究に対して与えられたが，受賞の発表では"グリーンケミストリーの推進に役立った"こと，人類，社会と環境のために基礎的な科学がいかに重要かを示す例であることがうたわれた．本書ではGSC 賞受賞業績のいくつかも取上げられている．

タキソール製造と持続可能性

　1967 年，カリフォルニアに生える太平洋イチイの樹皮から乳がんと卵巣がんの治療に効果的な化合物が少量単離された．この化合物は，現在では医薬のパクリタキセル（商品名 タキソール® TAXOL®）として知られている（構造式は下図）．

　しかし，一人のがん患者の治療に使うタキソールのために，6 本の太平洋イチイが伐採されなければならないのである．イチイの成長はきわめて遅く，イチイから得ようとするとこの植物の絶滅につながる．実験室での全合成に多くの化学者が成功したが，医薬として採算のとれる方法はみつかっていない．その後ヨーロッパイチイという灌木の葉から比較的大量に取れる中間原料をもとに，数工程の有機合成を経て生産する技術が開発され，抗がん剤としてよく使われるようになった．つまり再生可能な原料から持続可能な方法でつくられるようになった．現在では細胞培養法で中国イチイの細胞の培養による生産が最も多いという．この方法における原料は糖類，アミノ酸，ビタミン，微量元素である．有機溶剤の使用がなくなり，莫大なエネルギーを消費する乾燥過程が減るとともに廃棄物も大幅に削減できた．この技術は 2004 年のグリーンケミストリー大統領賞を受賞した．

参 考 文 献

1) R. Carson, "Silent Spring", Houghton Mifflin (1962)；"沈黙の春（新潮文庫）"，青樹築一訳，新潮社 (1974)；"沈黙の春（改版）"，新潮社 (2004).
2) D.H.Meadows *et al*., "The Limits to Growth", Universe Books(1972)；"成長の限界 —— ローマ・クラブ「人類の危機」レポート"，大来佐武郎監訳，ダイヤモンド社(1972).
3) GC，あるいは GSC 全般についての参考書：日本化学会編，御園生 誠著，"グリーンケミストリー —— 社会と化学の良い関係のために（化学の要点シリーズ 3）"，共立出版 (2012)；グリーン・サステイナブルケミストリーネットワークのホームページ http://www.jaci.or.jp/gscn/ には，GSC に関するさまざまな教材・資料が掲載されている．
4) P.T. Anastas, J.C. Warner, "Green Chemistry: Theory and Practice", Oxford University Press (1998)；渡辺 正，北島昌夫 訳，"グリーンケミストリー"，丸善(1999).

空気をきれいに

- 1・1 地球大気の構造
- 1・2 大気の成分
- 1・3 大気汚染物質
- 1・4 酸性雨
- 1・5 大気汚染の推移
- 1・6 大気汚染物質の対策

　宇宙からみた地球は青く輝くすばらしい惑星である．人類初の宇宙飛行士ガガーリン（Y. Gagarin）の"地球は青かった"というメッセージは，まさにその感動を素直に伝えている．46億年前の地球誕生から，地球大気は，さまざまに変化してきた．大気が今日のように酸素を豊富に含むようになったのには，35〜38億年前に誕生したといわれる生命の活動がある．約2億年前に現在のような大気圏と空気ができたと考えられている．この地球環境を持続していくのが，グリーンケミストリーの大きな目標となる．

1・1 地球大気の構造

　地球の表面において，われわれ人間をはじめとした生物の活動が営まれているが，地球表面は大気層に覆われており，地表面での生物の生命活動を維持するために，これら大気層が重要な役割を果たしている．

　図1・1に大気層の構成を示す．大気層は，地表から近い順に，**対流圏**（troposphere，地表から高度10〜15 kmまで），**成層圏**（stratosphere，高度15〜60 km），**中間圏**（mesosphere，高度60〜100 km），**熱圏**（thermosphere，高度100〜数百km）とそれぞれよばれている．図1・1には鉛直温度分布が示されている．太陽放射の可視光線（波長0.4〜0.7 μm）は，成層圏，対流圏を通抜け地表面で吸収され地表面を暖める．対流圏では，一般に高度の上昇とともに気温は低下（100 m上昇で0.6℃）する．逆に，成層圏では，高度の上昇とともに気温は上昇する．これは，太陽放射からの紫外線により成層圏で生成したオゾンが，波長0.3 μm以下の紫外線を吸収した結果，化学反応が起こり周囲にある大気分子を暖めるためである．オゾンが多い層を**オゾン層**（ozone layer）という（第4章参照）．熱圏では，太陽放射からのエネルギーの強い紫外線（波長0.18 μm以下）を熱圏

中の酸素や窒素が吸収し気温が数百度を超えた状態となっている。

対流圏は，成層圏とは異なり，鉛直温度分布が上空で低くなる負の温度勾配をもつ。地表面で暖められた空気は密度が低くなり上昇するが，上空では気温が低くなり冷やされ密度が高くなり今度は下降する。このようにして，対流圏では，常に空気の対流が起こり，空気の大規模な移動，拡散が行われる。また，対流圏では，水蒸気の凝結に伴い雲や降水などの気象現象が起こる。人間活動を通じて大気中に放出された汚染物質が降水に取込まれ酸性雨などの問題をひき起こす。しかしながら，逆の観点から見れば，降水現象により汚染物質が大気から浄化されていることになり，大切な役割を果たしていることになる。

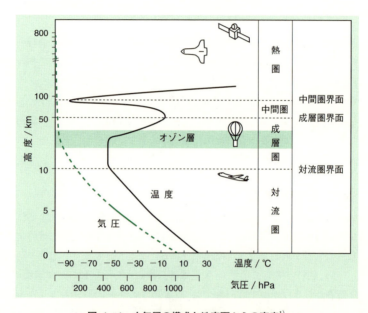

図 1・1 大気層の構成と地表面からの高度[1]

対流圏の最も重要な役割は，第3章でも詳しく述べられているが，地球の地表面の平均気温を15℃といった温暖なものに保つことである。太陽放射の可視光線（波長0.4～0.7 μm）は，成層圏，対流圏を通抜け地表面で吸収され地表面を暖める。暖められた地表面は，熱エネルギーを赤外線として大気に再放出している。地球は，対流圏といった大気が地表面を覆っており，大気中には地表面から放出される赤外線を吸収する水蒸気，二酸化炭素が存在し，地表面から放出される熱エネルギーが宇宙へ逃げて行くのを防ぎ，地球表面を保温する役割を果たしている。この

役割を**温室効果**（greenhouse effect）とよぶ．仮に，月，火星のように，対流圏といった大気層がなかった場合，地球の地表面の平均気温は，$-18\,°C$と推定され，実際の平均気温より約$33\,°C$も低い温度になってしまう．このように，対流圏における"温室効果"は，地球上に存在する生物にとってきわめて重要な役割を果たしている．

以上の説明から，対流圏，成層圏といった大気層をもつ地球が，いかに他の惑星と比較して生物が生存するのに適しているかが理解できる．また，その大気層は，たかだか地表面から50 km程度であり，地球（直径12,800 km）の大きさと比較すると，大気層は薄いベールをまとっている程度に過ぎないとは驚くべきことである．

一方，近年の人間活動による化石燃料の燃焼に伴う，膨大な二酸化炭素の大気中への放出は，対流圏の大気中の二酸化炭素濃度の増加をもたらし，地球の温暖化問題をひき起こし始めた．また，人間が生活の利便性のために生産し使用してきたフロンが，成層圏におけるオゾンを破壊することも明らかになった．46億年の地球の長い歴史の間に，現在の地球環境がつくられてきた．しかしながら，人間の生活活動によりその長い間につくられてきた地球環境を寸時に破壊する危険性もはらんでいる．今後，われわれ人間活動と地球環境問題への理解がきわめて重要な課題となることはいうまでもない．

1・2 大気の成分
1・2・1 対流圏での空気の組成

大気はその組成がきわめて均一であることから，昔は一つの元素であると考えられていたが，19世紀になって，複数の気体の混合物であることが明らかになった．大気の組成は地表から80 kmの高度までほぼ均一で，表1・1に示すように対流圏

表1・1 乾燥大気の組成

成　　分		体　積　比
窒　素	N_2	7.81×10^{-1}
酸　素	O_2	2.09×10^{-1}
アルゴン	Ar	9.34×10^{-3}
二酸化炭素	CO_2	$3\sim4\times10^{-4}$（300～400 ppm[†]）

† $ppm=10^{-6}$．表1・3 脚注参照．

大気の主要4成分は窒素（78.1体積%），酸素（20.9体積%），アルゴン（0.9体積%），二酸化炭素（炭酸ガス）（0.04体積%）で乾燥空気中の99.9%の体積を占める．四つの主要成分のうち，生物に直接関係するのは酸素と二酸化炭素である．

酸素（O_2）はつぎの反応式で示される植物の光合成によって生成し，生命活動や燃焼により消費される．

$$6\,CO_2 + 6\,H_2O \longrightarrow C_6H_{12}O_6 + 6\,O_2$$

大気中では酸素の供給と消費のバランスが保たれており，その濃度は時間的に変化しない定常状態にあると考えられる．酸素は動物の呼吸に不可欠のものであるが，反応性に富み，有機物の分解や岩石の風化にも関与する．

二酸化炭素（CO_2）は主として植物の光合成により消費され，動物の呼吸，石油や石炭などの化石燃料の燃焼，有機物の分解や腐敗により生成する．二酸化炭素濃度は生物の活動と密接に関係しており，1日の時刻や季節による変動，都市部と森林地帯などの地域差など自然状態の変動と，人間の活動による変動とに分けることができる．自然状態の変動については植物の光合成が最も大きく寄与しているが，海洋との溶解平衡の影響も大きい．海洋中には大気中の約60倍に相当する炭酸物質が溶解しているので，海洋の温度，pH，塩分の変化が大気中の二酸化炭素濃度に影響する．代表的な温室効果ガスとして注目されているが，人間の活動による二酸化炭素濃度の影響については第3章で述べる．

一方，大気中に最も多く含まれる窒素（N_2）は反応性に乏しく，大気中の酸素の分圧調整という役割をしているが，生命の根源であるタンパク質の構成元素であり，生命体を含めた循環機構とも関連して，その存在意義は大きい．

アルゴン（Ar）は貴ガスで，化学的にも生物学的にも不活性で，生物との関係はほとんどない．

1・2・2　濃度変動成分と微量成分

通常の大気中には0.1～4％程度の水蒸気を含んでおり，表1・1に示す大気の主要4成分に比べ変動幅が大きい．これは第2章に述べるように，大気，地表面，土壌などの地球表層では，水はその状態を気体，液体，固体と変化させながら循環しているからである．

大気中には多数の微量成分が存在する．表1・2におもな微量ガス成分の種類，その濃度，発生源，除去プロセスを示した．

メタン（CH_4），一酸化二窒素（N_2O）はおもに自然界の嫌気性雰囲気において微生物による有機物の分解によって大気中に放出される．これらのガスは赤外線領域に吸収帯があり，地球表面から放出される赤外線エネルギーを吸収し，地球表面を保温する温室効果を示す．

水素は原子番号1の元素で，最も軽い．宇宙では最も豊富な元素で，原子（H）または分子（H_2）の状態で星間ガスや恒星の構成物として存在し，宇宙全体の質

量の55%を占める。一方，地球上では水素は水や有機化合物の構成要素として存在し，分子状態の水素は少ない。

一酸化炭素（CO），窒素酸化物（NO_x），二酸化硫黄（亜硫酸ガス，SO_2）などはおもに石油，石炭などの化石燃料の燃焼に伴い，大気中に放出される人為起源の主要な大気汚染物質である。SO_2 は火山の噴火の際にも発生し，大気中の酸素や水蒸気と反応して，硫酸蒸気となり，やがて 0.1～数 μm の硫酸液滴をつくる。

アンモニア（NH_3）は動物の呼吸，動植物の死骸などから発生する。硫酸液滴はアンモニアと反応して，硫酸アンモニウム粒子となる。

オゾン（O_3）は酸素分子（O_2）が紫外線により光分解して酸素原子（O）となり，それが酸素分子と反応して生成する。生成したオゾンは，紫外線により酸素原子と酸素分子に分解される。このようなオゾンの生成，分解反応が成層圏で進み，地表面に強い紫外線が到達することを防いでいる。

ヒドロキシルラジカル（・OH），ヒドロペルオキシルラジカル（HO_2・）などのラ

表 1・2 大気中微量成分の濃度，発生源および除去プロセス

成 分		体積比	発生源	除去プロセス
メタン	CH_4	$1.6×10^{-6}$	生物起源	光分解
一酸化二窒素	N_2O	$3×10^{-7}$	生物起源	光分解
水 素	H_2	$5×10^{-7}$	生物起源, 光化学生成	光分解
一酸化炭素	CO	$～1.2×10^{-7}$	光化学生成, 人為起源	光分解
窒素酸化物	NO_x (NO, NO_2)	$10^{-12}～10^{-8}$	光化学生成, 落雷, 人為起源	光分解
硝 酸	HNO_3	$10^{-11}～10^{-9}$	光化学生成	降 水
アンモニア	NH_3	$10^{-10}～10^{-9}$	生物起源	光分解, 降水
過酸化水素	H_2O_2	$10^{-10}～10^{-8}$	光化学生成	降 水
オゾン	O_3	$2×10^{-8}$	光化学生成	光分解
ヒドロキシルラジカル	・OH	$10^{-15}～10^{-12}$	光化学生成	光分解
ヒドロペルオキシルラジカル	HO_2・	$10^{-13}～10^{-11}$	光化学生成	光分解
二硫化炭素	CS_2	$10^{-11}～10^{-10}$	人為起源, 生物起源, 光化学生成	光分解
硫化カルボニル	COS	10^{-10}	人為起源, 生物起源, 光化学生成	光分解
二酸化硫黄	SO_2	$～2×10^{-10}$	人為起源, 光化学生成, 火山	光分解
フロン 12 (CFC-12)	CF_2Cl_2	$4×10^{-10}$	人為起源	光分解
フロン 113 (CFC-113)	$C_2F_3Cl_3$	$～1×10^{-10}$	人為起源	光分解

ジカル (p.14 参照) はきわめて反応性の高い物質で，大気中の酸素原子と水蒸気が紫外線照射下での反応により生成し，大気中の光化学反応を支配している．硝酸 (HNO_3)，過酸化水素 (H_2O_2) は $\cdot OH$, $HO_2 \cdot$ の光化学反応により大気中で生成されたものである．

二硫化炭素 (CS_2)，硫化カルボニル (COS) は河川や海水中の有機硫黄化合物が微生物により分解され光化学的に生成され，大気中に放出されたものである．

フロン 12 (CF_2Cl_2) やフロン 113 ($C_2F_3Cl_3$) は 20 世紀後半から，優れた熱冷媒として生産使用されたクロロフルオロカーボン (日本ではフロンとよばれる) の代表で，大気中には微量に存在する．フロンはフッ素原子 (F)，塩素原子 (Cl) と炭素原子 (C) から成る化合物の総称で，きわめて安定な物質である．これは成層圏のオゾン層を破壊する原因物質となっており，現在先進諸国では製造が禁止されている．

表 1・3 にはアルゴン (Ar)，ネオン (Ne)，ヘリウム (He)，クリプトン (Kr)，キセノン (Xe) などの反応性に乏しい貴ガスの体積比を示した．

表 1・3 対流圏の微量貴ガス成分

成　分		体積比[†]
アルゴン	Ar	9.34×10^{-3}
ネオン	Ne	1.8×10^{-5} (18 ppm)
ヘリウム	He	5×10^{-6} (5 ppm)
クリプトン	Kr	1.1×10^{-6} (1 ppm)
キセノン	Xe	9×10^{-8} (90 ppb)

[†] $ppm = 10^{-6}$, $ppb = 10^{-9}$, $ppt = 10^{-12}$ を示す．体積比 (volume ratio) という意味で ppmv, ppbv, pptv と v をつける場合もある．

1・3 大気汚染物質

微量成分のなかで，人，動植物，生活環境にとって好ましくない影響を与えるものは **大気汚染物質** (air pollutants) である．具体的な大気汚染物質には，硫黄酸化物，窒素酸化物，浮遊粒子状物質，光化学オキシダント，"ばい煙"(カドミウム，塩素，鉛，塩化水素，フッ化水素など)，大気汚染防止法で"特定物質"として定められているベンゼンなどがある．大気汚染にかかわる環境基準は，二酸化硫黄，二酸化窒素，浮遊粒子状物質，一酸化炭素，光化学オキシダントなどについて定められ，全国各地で常時観測が行われている．本節では，それらをおもに取上げる．

1・3・1 硫黄酸化物

大気汚染物質としての硫黄酸化物は，SO_2 と SO_3，あわせて **SO_x**（ソックス）とよばれる．自然界では，火山の噴火・噴煙などから発生する．また，海洋表層の微生物/植物プランクトンによってつくられる硫化ジメチル（$(CH_3)_2S$）は，大気中で酸化されて硫黄酸化物となる．これに対し，化石燃料の燃焼や金属の精錬など産業活動で発生する SO_2 が，19世紀後半から増加してきた．

石炭や石油などの化石燃料中には 0.2〜7% 程度の硫黄が含まれており（p.119, 表5・4参照），燃焼に伴って**二酸化硫黄**（SO_2）が生じる．たとえば石炭中の硫黄は，おもに黄鉄鉱（FeS_2）として含まれており，つぎのような化学反応が起こる．

$$4\,FeS_2 + 11\,O_2 \longrightarrow 8\,SO_2 + 2\,Fe_2O_3$$

わが国では，工場，発電所などの固定発生源からの硫黄酸化物総排出量は，年間約48万トン，自動車など移動発生源と併せて約69万トンである（2014年のデータ）．米国は，2004年に444万トンであり，中国の排出量は2014年に1974万トンと報告されている[2]．

大気中に放出された SO_2 は，主としてヒドロキシルラジカル（・OH）によって酸化され**硫酸**（H_2SO_4）になる．

$$\cdot OH + SO_2 + M \longrightarrow HOSO_2\cdot + M \qquad (1\cdot 1)$$
$$HOSO_2\cdot + O_2 \longrightarrow HO_2\cdot + SO_3 \qquad (1\cdot 2)$$
$$SO_3 + H_2O \longrightarrow H_2SO_4 \qquad (1\cdot 3)$$

(1・1)式中の M は大気中の窒素や酸素を示す．(1・2)式右辺の $HO_2\cdot$（ヒドロペルオキシルラジカル）は，NO との反応において酸素原子を与えて自分自身は

ロンドンスモッグ

2016年末から2017年1月にかけて，中国・北京市において大気中 PM2.5 濃度が数百 $\mu g\,m^{-3}$ を超え，外出を制限する赤色警報が発令される深刻な事態となった．大都市における歴史的な大気汚染の例としては，1952年12月に英国ロンドンで発生したロンドンスモッグがあり，推定では1万人を超える多数の死者を出す危機的なものであった．北京市，ロンドン市いずれの場合も，冬季の寒冷のための石炭暖房による二酸化硫黄（SO_2）と粉塵の大気汚染物質の大量放出，逆転層による大気の停滞が記録的な高濃度の大気汚染をひき起こした．まさに，歴史は繰返されるといえる．

ラジカル

分子やイオンのなかで,電子は対をつくることで安定な状態になる.ところが,熱や光の作用により安定分子がバラバラに分解したときに生成する化学種は,不対電子をもつことがある.この不対電子は,化学反応により電子対をつくることで安定な状態に戻ろうとする性質がある.したがって,不対電子をもつ化学種は化学反応性が非常に高く,**遊離基**あるいは**フリーラジカル**(free radical)もしくは**ラジカル**(radical)とよばれる.不対電子の存在は化学式中のドットで表すことが多い[*1].たとえば,オゾン O_3 に紫外線が当たると光の作用により励起状態の酸素原子〔$O(^1D)$〕が生じる(p.91,脚注参照).

$$O_3 + h\nu(紫外線) \longrightarrow O_2 + O(^1D)$$

この酸素原子は,大気中の水蒸気と反応してヒドロキシルラジカル($\cdot OH$)を生じる.

$$O(^1D) + H_2O \longrightarrow 2\,\cdot OH$$

$\cdot OH$ は,対流圏においては多くの大気化学成分と反応して,それらを酸化し雨水に溶け込む化学種に変換する.その結果,もとの大気化学成分は雨により大気から除去される.すなわち,多くの大気化学成分の大気中での寿命を決めているのは,この $\cdot OH$ がひき起こすラジカル反応の速さである.

$\cdot OH$ に戻る.SO_2 の酸化は比較的遅いので,ガス状のまま長距離輸送され国境を越えた越境大気汚染をひき起こす(口絵1参照).(1・3)式で生じる硫酸は強酸なので雨に溶け込んで酸性雨をもたらす.

また,SO_2 は水に溶けて弱酸の**亜硫酸**(H_2SO_3)になる.亜硫酸は水中の $\cdot OH$,O_2, O_3, H_2O_2 により酸化されて硫酸を生じる.その生成は微量の金属イオン Fe^{3+} や Mn^{2+} により速くなる.

硫黄酸化物について環境基準は,1時間値の1日平均値[*2]が 0.04 ppm 以下であり,かつ,1時間値が 0.1 ppm 以下である.

[*1] 不対電子をもつ化学種(原子を除く)のうち,ある程度の安定性をもち 0.01 ppm 程度以上の濃度で通常の大気中に存在できるもの(NO,NO_2 など)は,本書では分子として扱い,ドットを表示しない.

[*2] "1時間値"とは,正時(00分)から次の正時までの1時間の間に得られた測定値で,一般には後の時刻が測定値の時刻とされる.大気汚染物質の濃度は,時刻によって大きく変化するので,環境基準では,しばしば,"1時間値の1日平均値"について規定されている.

1・3・2 窒素酸化物

自然界では,空中での雷による放電,土壌中での有機物の微生物分解,アンモニアの酸化などにより,年間約 1500 万トンの窒素酸化物が生成している.人為的には,空気中での燃焼反応に伴って起こる窒素の酸化,窒素を含む化石燃料の燃焼,土壌に施した肥料の分解などにより,大量に発生している.2014 年のおよその発生量は,米国 1109 万トン,中国 2078 万トン,日本 128 万トンである[2].特にアジアでは経済発展・人口増加とともに窒素酸化物の増加が著しい.

a. 燃焼反応に伴う窒素の酸化　　N_2 は非常に安定で,通常の大気中では O_2 と反応しないが,高温では反応して**一酸化窒素**(NO)が生成する.

$$N_2(g) + O_2(g) \longrightarrow 2NO(g) \qquad (1・4)$$

この反応は $90.37\ kJ\ mol^{-1}$ の吸熱反応であり NO の生成量は温度の増加とともに指数関数的に増大する.自動車エンジンや火力発電では,燃焼で生じる熱を運動エネルギーや電気エネルギーに変換して利用している.熱力学によると,このエネルギー変換をより効率よく行うためには,できるだけ高温で行うのがよい(第 5 章 p.108 参照).それゆえ,高温での燃焼においては,燃料中の窒素分に加えて,空気中の窒素が (1・4) 式により NO を発生させることとなる.

b. NO の酸化反応　　大気中に放出された NO は,大気中に存在する O_2,O_3 や $HO_2\cdot$ などによって酸化され,約 10 時間後には,当初の NO の 50% が NO_2 に変化する.NO,NO_2 を総称して窒素酸化物とよび,**NO_x**(ノックス)と表す.さらに,NO_2 は $\cdot OH$ によって酸化されて強酸である**硝酸** HNO_3 を生じる.

$$NO_2 + \cdot OH + M \longrightarrow HNO_3 + M \qquad (1・5)$$

NO_x の環境基準は,1 時間値の 1 日平均値 0.04〜0.06 ppm のゾーン内か,それ以下と定められている.

c. オゾンの生成　　窒素酸化物は,以下に示す太陽光による光化学反応により対流圏オゾン生成の原因物質となる.

$$NO_2 + h\nu(\text{太陽光}) \longrightarrow NO + O \qquad (1・6)$$

この酸素原子 O と酸素分子 O_2 が反応してオゾンが生成する.

$$O + O_2 + M \longrightarrow O_3 + M \qquad (1・7)$$

対流圏オゾンは,次項のように光化学スモッグの原因物質の一つである.近年,NO_x の人為的放出が対流圏オゾンの増大をもたらしていることは注目に値する.

光化学スモッグ

　光化学スモッグ (photochemical smog) は，窒素酸化物と揮発性有機化合物 (VOC) を微量含む大気が太陽紫外線を受けて光化学反応を起こし，人体に有害なオキシダント，アルデヒドやエーロゾルを大気中に生成することをいう．日差しが強い夏には，紫外線が強く気温が高くなり光化学反応が速く起こるので，光化学スモッグは多く発生する．特に，風の弱い日には窒素酸化物と VOC が大気中に滞留し濃度が上がるので発生しやすい．

　光化学スモッグがわが国において注目されるようになったのは，1970 年からである．現在は光化学オキシダント濃度 1 時間値が 0.12 ppm 以上で注意報が出される．光化学スモッグは東京都心よりも関東平野の中心部の小都市や農村地域で発生する．これは都心で人為的に発生した窒素酸化物と炭化水素が，関東平野の大気の流れによって都心から郊外に移動しつつ光化学反応することでオキシダントに化学変化するためである．2007 年，九州から東日本までの広範囲にわたって光化学スモッグ注意報が発令されたが，これは隣国からの大気汚染物質の流入による越境大気汚染と都市大気汚染の両者が原因である．

1・3・3　光化学オキシダントと浮遊粒子状物質

　揮発性有機化合物 (volatile organic compounds, **VOC**) は，工場・事業所，自動車（エンジンから燃料の一部が燃えないで出てくるのが原因）から排出されるトルエン，酢酸エチルなどの大気汚染物質である*．(1・7)式で生じたオゾンからヒドロキシルラジカル (・OH) が生成するが，これが VOC と反応すると，アルデヒドなどの刺激性のある物質をつくる．窒素酸化物が反応に加わると，**PAN** (peroxyacyl nitrate, 硝酸ペルオキシアシル；RCO_3NO_2) などを二次的に生成する．オゾン，PAN などを総称して**光化学オキシダント** (photochemical oxidant) という．すなわち，光化学オキシダントは，大気中の窒素酸化物や VOC が太陽光（紫外線）を受けて，光化学反応により生成される二次汚染物質である．強い酸化力をもち，高濃度では目，のどや呼吸器に悪影響を及ぼす．

　大気中の**浮遊粒子状物質** (suspended particulate matter, **SPM**：粒径 10 μm 以下の粒子) は，微小なために大気中で長時間滞留し，人間の肺や気管などに付着し

　＊　VOC にはメタンは含まれない．このことを強調し非メタン揮発性有機化合物 (non-methane volatile organic compounds, NMVOC) と記すこともある．

健康に悪影響を及ぼす．SPMは，工場などから排出される煤塵，バス，トラックなどの大型ディーゼル車両から排出される**ディーゼル排気微粒子**（diesel exhaust particle，DEP），土壌からの巻上げなどによって，直接大気中に放出される一次粒子のほか，硫黄酸化物や窒素酸化物のガス成分が大気中で粒子に変換する二次粒子などからなる．

光化学オキシダントと二次粒子の生成は，図1・2のようにまとめられる．

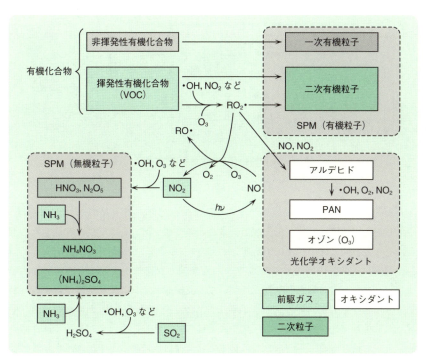

図 1・2 オキシダントと二次粒子の生成メカニズム　［炭化水素類に係る科学的基礎情報調査（三菱化学安全科学研究所）の図を改変］

1・4 酸 性 雨

● 酸性雨は長距離汚染

大気中に放出されたNO_xやSO_xは，気流によって遠隔地に運ばれながら，§1・3で述べたように酸化を受け，一部は水と反応して硝酸や硫酸の微粒子になる．微粒子化したこれら酸性物質は，霧に吸着したり雲の凝結核となり，やがて雨（雪，

霧）に成長して地表に沈着する．また，上空から雨滴が降下する間に，大気中に存在するNO_xや硝酸，SO_xや硫酸などの酸性物質を取込んで，地表に沈着させる場合もある．これらをまとめて，**湿性沈着**（wet deposition）という．ガスやエーロゾルの形態で沈着するもの（乾性沈着）をあわせて**酸性雨**（acid rain）とよんでいる（図 1・3）．

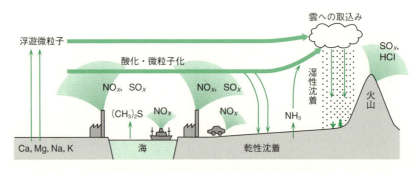

図 1・3　酸性物質の発生から沈着に至る過程

人為的原因によって雨が酸性化する現象は，1872 年，英国人スミス（R. Smith）により初めて指摘された．産業革命以後，エネルギー源として多量に燃焼されるようになった石炭の排煙が原因であると考えられた．

1972 年，スウェーデンのストックホルムで開かれた第 1 回国連人間環境会議では，北ヨーロッパの陸水の酸性化について，英国やドイツの工業地帯で排出された硫黄酸化物が原因であるとする議論がなされた．その後，米国-カナダ間においても，国境付近で起きた湖沼の酸性化や森林被害について，カナダは米国に酸性汚染物質排出対策をとるよう要求した．日本では，偏西風に乗った中国大陸や朝鮮半島からの越境大気汚染が問題になっている（口絵 1 参照）．越境汚染を防止するため，ヨーロッパではオスロ議定書，北米では国家酸性雨評価計画がつくられている．東アジアでは，東アジア酸性雨モニタリングネットワーク（Acid Deposition Monitoring Network in East Asia, EANET; http://www.eanet.cc/jpn/index.html）が設立されている．

● 自然の雨の pH

大気は約 0.04% の二酸化炭素を含む．雨は降下の過程で二酸化炭素が溶解し炭酸を生じるため，大気汚染物質がなくても弱酸性の pH 5.6 である．しかし，二酸化

炭素のほかにも自然界由来の微量酸性物質（酢酸，ギ酸など）が降水の酸性化にかかわっているので，しばしば pH 5.0 程度になる．

● わが国の酸性雨

日本では，1983 年度から酸性雨のモニタリングやその影響に関する調査研究を実施している．全国的に欧米並みの酸性雨が観測され，2008 年から 5 年間の全平均値は pH 4.72 で，日本海側の地域では大陸に由来した汚染物質の流入が示唆されている．しかし，現時点では，酸性雨による植生衰退などの生態系被害や土壌の酸性化は認められていない．

● 酸性雨と土壌

土壌は，岩石の細粒から 0.002 mm（2 μm）以下の微小粒子である粘土までの広い範囲で粒径が異なる鉱物類と，動植物の遺体やその分解生成物などの土壌有機物から構成されている．粘土鉱物は部分的に負に荷電しており，Ca^{2+}，Mg^{2+}，K^+，Na^+，Al^{3+} などの金属陽イオンが結合して電気的に中性となっている．土壌に酸性雨が降ると，これらの金属イオンと水素イオンが交換（イオン交換）するため，土壌の外部に流れ出す水の pH は低下しない．酸性化に対する土壌の耐性は，交換できる金属イオンの多い土壌では大きい．北欧，北米東北部は耐性が小さく，わが国の土壌の耐性は比較的大きいと考えられている．

1・5 大気汚染の推移

わが国においては，1960 年代に高度成長時代となり，大量のエネルギー・物資を消費し，多量の工業製品を生産し始めた．それに伴い，膨大な汚染物質が環境中に放出され，大気汚染をはじめとする深刻な公害問題が全国各地に生じる結果となった．この公害問題を解決すべく，1971 年に環境庁（2001 年より環境省）が創設され，行政によるさまざまな規制の施行が開始された．その規制に対応すべく，石油・石炭などの化石燃料からの脱硫，自動車排ガス中有害ガスの削減，ディーゼル排気微粒子の削減は，触媒やプロセスの開発により進められた．これらの有害大気汚染物質の低減化・無害化はグリーンケミストリーの推進と密接に結びつき，その結果，1970 年以降，わが国の大気環境は急速に改善され，環境にやさしい化学が実現化してきた．

本節では，わが国の大気汚染の推移について述べ，具体的な対策技術については §1・6 で解説する．

● 国設大気測定網

わが国の大気汚染の状況を監視する環境省による国設大気測定網が配置され，全国各地に，大気環境測定所，自動車排出ガス測定所（主要幹線道路沿道に設置），酸性雨測定所が設置され，昼夜定められた大気汚染物質の常時観測が行われている．測定大気汚染物質としては，二酸化硫黄，窒素酸化物，浮遊粒子状物質，一酸化炭素，光化学オキシダント，非メタン炭化水素などがあげられる．現在では，環境省の国設大気測定網のほか日本全国の市町村による測定局とを合わせると大気環境測定局は 2000 箇所近くとなり，世界の先進諸国のなかでも最も高密度で大気汚染の状況を監視するシステムとなっている．大気環境測定局は，一般大気環境測定局（以下"一般局"という）と主要幹線道路沿道に設置された自動車排出ガス測定局（以下"自排局"という）からなる．

図 1・4～図 1・8 に，1970 年から，これら大気環境測定局で観測された大気中の二酸化硫黄，窒素酸化物（二酸化窒素），浮遊粒子状物質，微小粒子状物質（PM2.5），光化学オキシダント濃度の年間平均値をそれぞれ示し，わが国における 50 年間近くの大気汚染状況の推移を示した．

● 大気中の二酸化硫黄

大気中の二酸化硫黄に関しては，図 1・4 に示すように，1970 年には，年平均値

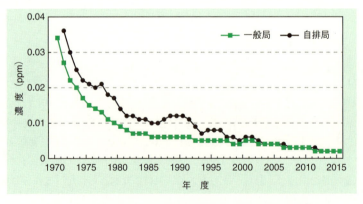

図 1・4　日本の大気中二酸化硫黄濃度の年平均値の推移[3]

で 0.03 ppm を超し，環境基準である日平均値 0.04 ppm を達成できない状況であった．しかしながら，二酸化硫黄の発生源である石油・石炭燃料の脱硫，大規模工場

の排出ガスへの脱硫装置の義務付けなどの規制により，1970年以降，急激に大気中の二酸化硫黄濃度は減少し，1980年代には，年平均値で0.01 ppm以下となり，先進諸国のなかでもきわめて低い濃度に二酸化硫黄を削減することに成功した．

● **大気中の窒素酸化物**

大気中の窒素酸化物に関しては，1970年以降，さまざまな自動車排ガスの規制を行ってきたにもかかわらず，図1・5に示すように，自排局では，大気中の二酸

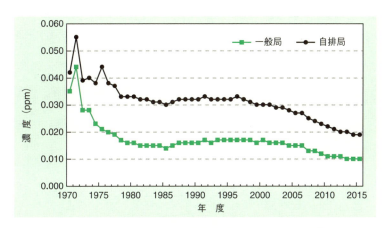

図1・5　日本の大気中二酸化窒素濃度の年平均値の推移[3]

化窒素濃度は，30年間ほぼ横ばいの状況が続き，大都市圏の特定地域における自排局では，その約3分の2は環境基準である日平均値0.04～0.06 ppmを達成できない状況となっていた．したがって，何度か行われてきた自動車排ガスの規制対策の効果が現れていないのが現状であった．これは，わが国の自動車保有台数が40年近くの間，約1桁近く増加したこと，窒素酸化物の主要な発生源であるバス，トラックなどの大型ディーゼル車両の排ガス対策が十分ではなかったことが原因であった．

このような大都市圏での大気汚染の状況を解決するために，ガソリン・LPG自動車について，2000年から2002年に規制を強化し，窒素酸化物，炭化水素の排出量の削減を行った（p.25，図1・9参照）．

また，これまでディーゼル車の排ガス対策が十分でなかったが，窒素酸化物，浮遊粒子状物質の削減をめざして，ディーゼル車の排ガス規制を2003年から2004年の新短期規制と2007年度を目標とした新長期規制を開始した（p.25，図1・10参

照).その後,新長期規制は2年前倒し2005年までに達成することとなり,現在は,さらに厳しい規制の2009年,2016年の目標値が定められた.ディーゼル車の排ガスの2009年規制には,欧州,米国よりも厳しい数値目標となっている.このような,大規模な自動車排ガスの規制の結果,わが国の大気中二酸化窒素濃度は,図1・5に示すように2002年以降減少する傾向が認められ,大気中二酸化窒素濃度の削減に成功した.

● 浮遊粒子状物質(SPM)

大気中の浮遊粒子状物質(粒径10 μm以下の粒子)に関しても,窒素酸化物と同様に,図1・6に示すように,1970年以降,30年間ほぼ横ばいの状況が続き,大

図1・6 日本の大気中浮遊粒子状物質(SPM)濃度の年平均値の推移[3]

都市においては,環境基準である日平均値 $0.1\ \mathrm{mg\ m^{-3}}$ を達成できず,やはり,窒素酸化物同様に規制対策の効果が現れていなかった.

技術的な対応が困難であり従来対策が取られてこなかったディーゼル排気微粒子(DEP)の削減をめざして,2002年以降,DEP対策が取られた結果,窒素酸化物と同様に大気中浮遊粒子状物質濃度も減少傾向が認められた.

● 微小粒子状物質(PM2.5)

粒径2.5 μm以下の微小粒子状物質の人体への健康有害性が問題となり,わが国においても2009年に微小粒子状物質(PM2.5)の環境基準,年平均値 $15\ \mathrm{\mu g\ m^{-3}}$ かつ日平均値 $35\ \mathrm{\mu g\ m^{-3}}$ が新たに設定された.

図1・7に示すように2001~2010年のPM2.5濃度の年平均値は,都市部では環境基準の年平均値を上回り,非都心部では下回っている.ただし,PM2.5年平均値は,少しずつ減少する傾向が認められ,2011~2015年では,環境基準の年平均

値 15 μg m^{-3} 程度で推移している．

2016年末から2017年初に，中国・北京市で数百 μg m^{-3} を超える極めて高濃度な大気中微小粒子状物質（PM2.5）の報道により，PM2.5大気汚染の問題が世界的な関心を集めた．冬から春に偏西風により中国で発生したPM2.5が日本に輸送さ

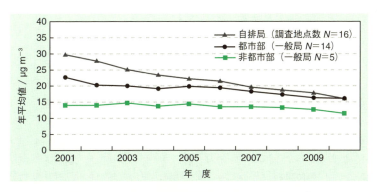

図 1・7　**PM2.5質量濃度の推移**　（2001～2010年度）[4]

れる越境大気汚染が起こり，中国大陸に近い九州，中国，四国などでは，PM2.5大気汚染は国内問題から拡大された国際的な問題となっている．

● 光化学オキシダント

図1・8に，わが国の光化学オキシダント濃度の日最高1時間値（昼間：5時～20時）の年平均値の推移を示した．自動車排ガス中の窒素酸化物，浮遊粒子状物

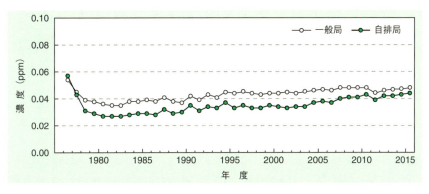

図 1・8　**光化学オキシダント（昼間の日最高1時間値）の年平均の推移**[5]

質の削減対策が進み，わが国の大気中の窒素酸化物，浮遊粒子状物質濃度の減少傾向が認められたにもかかわらず，わが国の光化学オキシダント濃度については，50年近くの間ほとんど横ばいで推移しており，ほとんどの測定局において，環境基準（1時間値 0.06 ppm）を達成していない．また，光化学オキシダント注意報は，ここ数年は，二十数都府県で年間延べ 100 日程度発令された．ただし，関東地域，阪神地域などにおける光化学オキシダント濃度の最高値は近年低下しており，高濃度地域の光化学オキシダントの改善傾向が認められている．

2004 年に大気汚染防止法が改正（2006 年施行）され，大規模な工場・事業所から排出される光化学オキシダントの原因物質である VOC の規制と自主的な削減対策の取組みが義務付けられた．今後はそれらの効果が期待されている．

● その他の有害大気汚染物質

以上，わが国の大気汚染の状況を 1970 年からの 50 年間近くの推移とともに述べてきた．大気中の汚染物質として，二酸化硫黄，窒素酸化物，浮遊粒子状物質，光化学オキシダント（オゾンなど）の物質を取上げたが，これらの化学物質は，1960 年代の公害問題が発生した時代の主要な汚染物質であり，これらの物質の環境基準を定めその規制を行ってきた．しかしながら，ここ数十年の間に，膨大な種類の化学物質が生産・使用され，ダイオキシン類，ベンゼン，揮発性有機塩素化合物（トリクロロエチレン，テトラクロロエチレン，ジクロロメタン），石綿（アスベスト）などの新たな汚染物質の問題がつぎつぎと発生してきた．これらの新たな汚染物質の問題の解決をめざし，1997 年に，環境省により新たな有害大気汚染物質として 234 種類の化学物質がリストアップされ，その中で 22 種類の優先取組み物質が定められた．そして，ベンゼン，トリクロロエチレン，テトラクロロエチレン，ジクロロメタンについては，環境基準が設けられ，年平均値で，それぞれ，$3\ \mu g\ m^{-3}$，$200\ \mu g\ m^{-3}$，$200\ \mu g\ m^{-3}$，$150\ \mu g\ m^{-3}$ となった．これらの有害物質の大気濃度は，環境省および地方公共団体により定期的にモニタリングが行われ，これらの物質による汚染の実態とその対策を行うための基礎データとして使用されている．

1・6 大気汚染物質の対策
1・6・1 固定発生源からの汚染物質の対策
● 脱硝技術

化石燃料の燃焼による窒素酸化物（NO_x）の生成は，窒素含有量の少ない燃料を使用することである程度低減できるが，空気中で燃焼させる限り，NO_x の発生を

1・6 大気汚染物質の対策

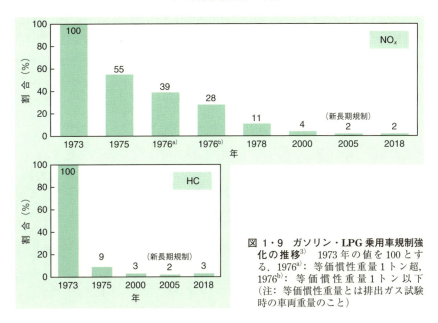

図 1・9 ガソリン・LPG 乗用車規制強化の推移[3]　1973 年の値を 100 とする．1976[a]：等価慣性重量 1 トン超，1976[b]：等価慣性重量 1 トン以下（注：等価慣性重量とは排出ガス試験時の車両重量のこと）

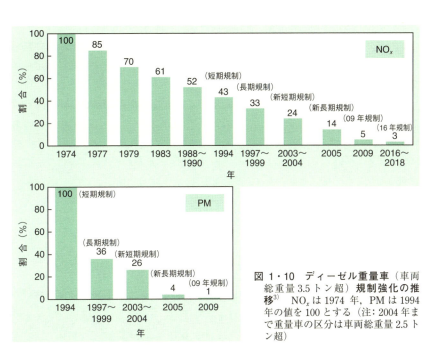

図 1・10 ディーゼル重量車（車両総重量 3.5 トン超）規制強化の推移[3]　NO_x は 1974 年，PM は 1994 年の値を 100 とする（注：2004 年まで重量車の区分は車両総重量 2.5 トン超）

避けることは不可能である．したがって，燃焼排ガス（排煙）中に含まれているNO_xの除去（排煙脱硝）が必要になる．排煙脱硝装置の主流となっているアンモニア接触還元法では，NO_xを含んだ燃焼排ガスにアンモニア（NH_3）を加えて触媒層の中を通すと，触媒の作用によりNO_xは，無害な窒素と水蒸気とに分解される．基本反応式はつぎのようである．

$$4\,NO + 4\,NH_3 + O_2 \longrightarrow 4\,N_2 + 6\,H_2O$$
$$6\,NO_2 + 8\,NH_3 \longrightarrow 7\,N_2 + 12\,H_2O$$

反応には，バナジウムやチタンの酸化物系触媒が広く用いられている．高効率の排煙脱硝装置を設置した最新鋭の火力発電所では，発生したNO_xの90％以上を除去している．

● **脱 硫 技 術**

硫黄酸化物（SO_x）は燃料中の硫黄分に起因する．したがって，SO_x対策としては，硫黄を含まない液化天然ガス（LNG）を用いる，燃料中の硫黄分を燃焼前に除去するか，燃焼排ガスからSO_xを除去する排煙脱硫装置によるなどの方法がある．

燃料からの硫黄分の除去では，高温・高圧化で，石油を水素と一緒にモリブデンやコバルトを含む触媒上に通すことにより，有機硫黄化合物を硫化水素に変える．硫化水素は，空気酸化して硫黄に変えられ，化学工業原料として広く利用されている．

燃焼排ガスの脱硫のため，火力発電所などでは，湿式排煙脱硫法（石灰石－セッコウ法）が広く用いられている．この方法では，粉状にした石灰石（$CaCO_3$）と水の混合液（スラリー）に，燃焼排ガスをジェット状に吹込む．燃焼排ガス中のSO_xと石灰が反応して，亜硫酸カルシウム（$CaSO_3 \cdot \frac{1}{2}H_2O$）が生成するので，これを酸素と反応させて，セッコウ（$CaSO_4 \cdot 2H_2O$）として取出す．

基本反応式はつぎのようになる．

$$CaCO_3 + SO_2 + \frac{1}{2}H_2O \longrightarrow CaSO_3 \cdot \frac{1}{2}H_2O + CO_2$$

$$CaSO_3 \cdot \frac{1}{2}H_2O + \frac{1}{2}O_2 + \frac{3}{2}H_2O \longrightarrow CaSO_4 \cdot 2H_2O$$

この反応の結果生じるセッコウの処理やその費用にかかわる問題は無視できない．わが国では，取出されたセッコウを，通常，セメントや耐火建材（セッコウボード）などの原料として有効利用しており，排煙脱硫処理コストを引き下げてい

る．近年の火力発電所では，SO_x 除去率が 90％ 以上の高効率な排煙脱硫装置が使われている．

1・6・2　自動車排ガス中有害ガスの対策技術

　ガソリンエンジン車は，燃料のガソリンをエンジンのシリンダー内で発火燃焼させ，そのピストン運動を回転運動に変換して車を走らせる．エンジン内でガソリンが燃焼する際に，同時に，炭化水素（HC: hydrocarbon），一酸化炭素（CO），窒素酸化物（NO_x）などの有害ガスが発生し，排ガスとして大気中に放出される．図 1・11 に，自動車排ガス中の有害ガス濃度とエンジン内での空燃比（ガソリン燃焼の際の空気質量を燃料質量で割った比）との関係を示した．

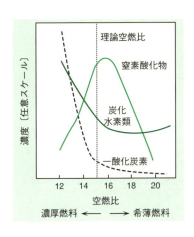

図 1・11　**自動車排ガス中汚染物質**（窒素酸化物，炭化水素類，一酸化炭素）**濃度とエンジン空燃比との関係**[6]

　ガソリンを完全燃焼させるのに必要な理論空燃比は 15 である．空燃比がそれより小さいときは，必要空気に対して燃料が過多のため不完全燃焼となり，図 1・9 から明らかなように，発生する HC，CO 濃度が高くなる．一方，空燃比を理論空燃比に近づけ，燃料を完全燃焼させると当然のことながら HC，CO の濃度は低くなるが，燃焼効率が高まり燃焼温度が上昇する結果，NO_x 濃度が逆に高くなる．したがって，自動車排ガス中の HC，CO，NO_x を同時に低くすることは原理的に困難であることが図 1・11 からわかる．このように，エンジン内での燃焼プロセスの根本的な対策により，排ガス中のこれら有害ガスを同時に除去する技術的困難さから，三元触媒コンバーター（three-way catalytic converter）を利用して有害ガスを除去する方法が現在おもに使用されている．　三元というのは，HC，CO，NO_x

の3種を同時に浄化するからである.

コンバーターでは図1・12に示すように第一段階では，ロジウムの触媒作用で，一酸化窒素が水素により窒素に還元される．水素はロジウム触媒の表面でHCと水から生じたものである．

$$炭化水素 + H_2O \longrightarrow H_2 + CO$$
$$2\,NO + 2\,H_2 \xrightarrow{Rh} N_2 + 2\,H_2O$$

つぎに空気を導入し，第二段階で炭化水素，一酸化炭素を白金／パラジウム触媒上で二酸化炭素，水に酸化する．

$$2\,CO + O_2 \longrightarrow 2\,CO_2$$
$$炭化水素 + 2\,O_2 \longrightarrow CO_2 + 2\,H_2O$$

このように，三元触媒により排ガス中の有害ガスを無害の窒素，二酸化炭素，水に変換し，低減することができる．

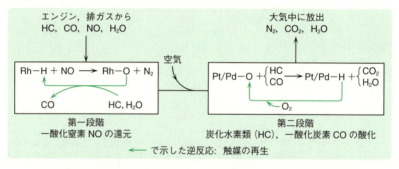

図1・12　三元触媒による自動車排ガス中汚染物質（一酸化窒素，炭化水素，一酸化炭素）の除去プロセス[6]

1・6・3　ディーゼル排気微粒子とその対策

ガソリンエンジンが，燃料と空気の混合気にスパークプラグで点火するのに対し，ディーゼルは空気を圧縮して高温にしたところに液体燃料（軽油・重油など）を噴射して自然着火させる．圧縮比はガソリンより高く，空気に対する燃料の量はガソリンより少ないので効率が高い．また軽油・重油などの石油系燃料のほかにも，発火点が225℃程度の液体燃料であればバイオディーゼル油のようなエステル系なども使用可能である．汎用性が高く，乗用車から巨大な船舶用低速機関まで使われている．

しかし，全体では燃料に対し空気が過剰であっても，混合が不均一なため燃料の

一部が不完全燃焼し粒子状物質が発生する．これが**ディーゼル排気微粒子（DEP）**である．また，ディーゼルエンジンでの燃焼は高温高圧かつ希薄燃焼域なので窒素酸化物が多く生成する．ガソリンエンジンでは1970年代から三元触媒が用いられてきたが，ディーゼルエンジンではDEPが触媒表面を覆うように付着して十分な効果が安定して得られないことが一因となって，触媒を用いた排ガス浄化装置の実用化が遅れていた．しかし，ディーゼルエンジンによる大気汚染が社会問題になり，図1・10に示すように2000年代初めから規制が厳しくなった．そのため急速にディーゼルエンジンの排ガス浄化装置が改良され広く装備されるようになった．

排気がたえず酸素過剰の状態となるディーゼルエンジンでは三元触媒の効果が出ないため，NO_xを吸蔵してから還元する触媒，**NSR**（NO_x storage-reduction）**触媒**が開発されている．これは，排ガス中のNO_xを一時的に吸蔵し，のちに還元する触媒である．

§1・6・1で述べたように，固定発生源の窒素酸化物は，アンモニア（NH_3）と化学反応させて無害な窒素（N_2）と水（H_2O）に還元できる．しかし，アンモニアを車両に積むのは危険なので尿素（$(NH_2)_2CO$）の水溶液をタンクに入れて搭載し，これを排気中に噴射することにより高温下で加水分解させアンモニアガスを得る**選択触媒還元**（selective catalytic reduction，**SCR**と略される）が大型車でしばしば使われている．全体の反応は次のように表される．

$$4\,NO + 2(NH_2)_2CO + O_2 \longrightarrow 4\,N_2 + 4\,H_2O + 2\,CO_2$$

図1・5～図1・7のように自排局のNO_x，SPM濃度，PM2.5濃度は2001年から減少傾向がみられるのは，以上のような対策のおかげであろう．

演習問題

1・1 水分を除いた乾燥空気の主要5成分の組成はつぎのとおりである．乾燥空気（主要5成分）の平均分子量を求めよ．

成　分	N_2	O_2	Ar	CO_2	Ne
体積%	78.08	20.95	0.93	0.036	0.0018
分子量	28.01	32.00	39.95	44.01	20.18

1・2 二酸化硫黄は大気中の主要な汚染ガスの一つである．大気中の二酸化硫黄は吸収液で捕集され，分光光度法により分析される．たとえば，分光光度法では，5 µgの二酸化硫黄を吸収した標準溶液の吸光度は0.60であった．20 Lの大気試料を正確に吸収液に通過させ，二酸化硫黄を吸収した試料溶液を分光光度法で分析した結果，試料溶液の

吸光度は 0.12 であった．大気中の二酸化硫黄濃度は，いくらになるか．
　計算した二酸化硫黄濃度を $\mu g\ m^{-3}$ と ppmv の単位でそれぞれ表せ．また計算した二酸化硫黄濃度は，日本の環境基準に収まっているか答えよ．ただし，原子量は O = 16，S = 32，1 mol の気体の体積を 22.4 L（0℃，1気圧）とする．

1・3 図 1・4 および図 1・5 は，代表的な大気汚染物質である二酸化硫黄と二酸化窒素のわが国における大気濃度の推移をそれぞれ示したものである．以下の設問に答えよ．

① 二酸化硫黄と二酸化窒素の代表的な発生源をそれぞれについて述べよ．

② 大気中の二酸化硫黄と二酸化窒素の削減のために行われた対策をそれぞれについて説明せよ．

③ 二酸化硫黄については大気中の濃度を 1980 年代には大幅に削減できたが，二酸化窒素については 2000 年まで横ばいの状況が続き，削減が困難であった理由について説明せよ．

④ 2002 年以降，二酸化窒素濃度が減少した理由について説明せよ．

1・4 酸性雨の原因物質は何か．酸性雨が長距離汚染といわれるのはなぜか．

1・5 光化学スモッグは，どのように起こるのだろうか．

1・6 口絵 1 はアジア地域の SO_2（二酸化硫黄）排出量（2003 年度）の分布を示す．以下の設問に答えよ．

① どのような環境問題が日本においてひき起こされると予想されるか．

② どのような環境問題が，どのような気象的理由によりひき起こされるか．

③ このような環境問題は過去において世界のどの地域で問題となったか．また，この問題を解決するための対策について述べよ．

1・7 図 1・11（p.27）は，自動車排ガス中大気汚染ガスの窒素酸化物，炭化水素類，一酸化炭素濃度と，自動車エンジンの空燃比との関係を示したものである．以下の設問に答えよ．

① この図から，自動車エンジンから発生するこれら三つの主要な大気汚染ガスの発生を防ぐ困難さについて理論空燃比とからめて説明せよ．

② また，この問題を解決するために自動車メーカーが行った対策について，その方法の名称をあげ説明せよ．

参 考 文 献

1) "U.S. Standard Atmosphere 1976"（理科年表 平成 24 年，p.330，丸善）をもとに作成．
2) 総務省統計局，"世界の統計 2017"，16 章，pp.272，273.
   http://www.stat.go.jp/data/sekai/pdf/2017al.pdf#page=277
3) "環境・循環型社会・生物多様性白書（平成 29 年版）"，環境省編（2017）．http://www.env.go.jp/policy/hakusyo/index.html　［図 1・4 は p.219，図 1・5 は p.215，図 1・6 は p.216，図 1・9 および図 1・10 は p.231 の図を改変］

参 考 文 献

4) "平成 22 年度 微小粒子状物質等曝露影響実測調査", 環境省.
   http://www.env.go.jp/press/14869.html
5) "平成 27 年度 大気汚染の状況について（報道発表資料）：大気汚染の状況 資料編",
   p.10, 環境省（2017）. http://www.env.go.jp/press/103858.html
6) T.G.Spiro, K.L.Purvis-Roberts, W.M.Stigliani, "Chemistry of the Environment", Third Edition, p.41, University Science Books（2012）. ［図 1・11, 図 1・12 は p.41 の図による］

[そのほかの参考書]
・"環境化学の事典", 指宿堯嗣, 上路雅子, 御園生 誠 編, 朝倉書店（2007）.

貴重な水資源

- 2・1 水の構造と性質
- 2・2 自然界の水
- 2・3 資源としての水
- 2・4 水の浄化と精製
- 2・5 水資源と環境
- 2・6 水域環境保全と科学技術
- 2・7 貴重な水資源

2・1 水の構造と性質

a. 特異な物性をもつ液体　水は，分子式 H_2O で表される身近な物質である．分子量が同程度であるメタンやアンモニアなどに比べて，水の融点と沸点は異常に高く，液体として存在する温度範囲の広さもきわだっている（表 2・1）．分子量の

表 2・1　水素化合物の分子量と融点，沸点

化合物	分子量	沸点/℃	融点/℃	沸点と融点の差/℃
メタン（CH_4）	16	−164	−182	18
アンモニア（NH_3）	17	−33.4	−77.7	44.3
水（H_2O）	18	100	0	100
フッ化水素（HF）	20	19.5	−83.6	103.1
硫化水素（H_2S）	34	−60.7	−85.5	24.8
塩化水素（HCl）	36.5	−85	−114	29

増大に従って沸点が上昇する傾向が多くの物質にわたって見いだされているが，1 atm での沸点が 100 ℃である物質の分子量は，100 程度である．水は，分子量が 18 よりはるかに大きな化合物であるかのようにふるまう特異な性質をもつ液体である．

b. 水の構造　水分子は，∠HOH が 104.5°の非直線型分子である．酸素原子（O）は，水素原子（H）に比べて**電気陰性度**（electronegativity）が大きく，共有電子対を強く引きつけている．その結果，水分子の中で，H 側は正に，O 側は負

に電荷の偏りが生じている．このような分子を**極性分子**（polar molecule）という．水分子どうしが近づくと，1個の水分子中のOと他の水分子中のHが**水素結合**（hydrogen bond）して，二つの水分子は一体として挙動する．液体の水では，水素結合により4個程度の水分子が会合していると考えられており（図2・1），このような水の特性が，異常に高い融点や沸点に反映されている．

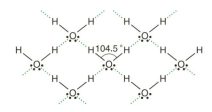

図2・1 水の分子と水素結合

c. 水との親和性と溶解 一般に，水に濡れやすく，水と混じりやすい物質を**親水性**（hydrophilic）物質という．その多くは，極性物質や**電解質**（electrolyte）である．電解質を水の中に入れると，解離して生じたイオンを水分子が取囲んで安定化（**水和** hydration という）するため，水によく溶ける．一方，水をはじきやすく，水と混じりにくいものを**疎水性**（hydrophobic）物質という．分子内にアルキル基やフェニル基のような炭化水素原子団を有する**非電解質**（nonelectrolyte）の有機化合物は典型的な例である．砂糖は，非電解質であるが，分子内に親水的な原子団（−OH）を複数含んでいるため，親水性で，水によく溶ける．このように，水は電解質に限らず多様な物質に対して良好な溶媒であり，自然界においては物質の貯蔵のみならず，物質を溶かして流れ，離れた場所に運び，拡散させる媒体として，生物および自然環境にとってきわめて重要な役割を演じる．

2・2 自然界の水

● 水の存在

地球は，太陽系惑星のなかでは，水が豊富に存在する唯一のものである．気温が−60〜+50℃の地球表面においては，液体の水が，気体（水蒸気）や固体（氷）に変化しながら存在できる．地球上には約13.86億 km^3 の水がある．その大部分の97.5％は，塩水で，海洋や塩水湖，塩水を含む地層（帯水層）に存在する．残り2.5％が淡水で，その多くは固体（氷雪）として極地域や高山，永久凍土層などに存在している．液体状態の淡水の大部分は地下水である．地表の水域に存在する淡水は，地球上の全水量の0.01％にも満たない約10万 km^3 である（表2・2）．

2. 貴重な水資源

表 2・2 地球上の水の量 [1]

水の種類		量/1000 km³	全水量に対する割合(%)	全淡水量に対する割合(%)
海 水	塩水	1,338,000.0	96.5	
地下水		23,400.0	1.7	
内訳	塩水	12,870.0	0.94	
	淡水	10,530.0	0.76	30.1
土壌中の水	淡水	16.5	0.001	0.05
氷河など	淡水	24,064.0	1.74	68.7
永久凍結層地域の地下の氷	淡水	300.0	0.022	0.86
湖 水		176.4	0.013	
内訳	塩水	85.4	0.006	
	淡水	91.0	0.007	0.26
沼地の水	淡水	11.5	0.0008	0.03
河川水	淡水	2.12	0.0002	0.006
生物中の水	淡水	1.12	0.0001	0.003
大気中の水	淡水	12.9	0.001	0.04
合 計		1,385,984.5	100.0	
合計(塩水)		1,350,955.4	97.47	
合計(淡水)		35,029.1	2.53	100.0

† この表には,南極大陸の地下水は含まれていない.

表 2・3 標準的な海水,河川水および雨水の平均主要化学組成 (重量比: ppm) [2]

	海 水	河 川 水		雨 水
		世 界	日 本	日 本
Na^+	10 500	5.3	6.7	1.1
Mg^{2+}	1 300	3.1	1.9	0.36
Ca^{2+}	400	13.3	8.8	0.97
K^+	380	1.5	1.19	0.26
Sr^{2+}	8	—	0.057	0.011
Cl^-	19 000	6.0	5.8	1.1
SO_4^{2-}	2 650	8.7	10.6	4.5
HCO_3^-	140	51.7	31.0	—
CO_3^{2-}	18	—	—	—
Br^-	65	—	—	—
F^-	1.3	—	0.15	0.089
I^-	6×10^{-2}	—	0.0022	0.0018
SiO_2 (溶存)	6	10.7	19.0	—
H_3BO_3	26	—	—	—

● 河川と海

　標準的な海水，河川水，および雨水の平均的組成を表 2・3 に示す．河川水の組成は，降水量や河川の長さ，流域の地質，海洋との距離によって異なるものの，主要成分は，カルシウムイオン（Ca^{2+}）と炭酸水素イオン（HCO_3^-）である．日本の河川は，流域が狭く急流で，蒸発による成分の濃縮効果は小さいため，大陸を流れる河川に比べて一般に溶存成分濃度は低い．しかし，溶存ケイ酸（SiO_2）濃度は高く，火山系地質が多いことによるものと考えられる．

　海水は，1 L（1 L=1 dm³）中に約 35 g もの塩を含む溶液である．多くの元素が含まれていると考えられるが，実際には，ナトリウムイオン（Na^+）と塩化物イオン（Cl^-）が主成分で，これに硫酸（SO_4^{2-}），マグネシウム（Mg^{2+}），カルシウム（Ca^{2+}），カリウム（K^+）などのイオンを加えた 6 成分で，海水溶存成分の 99.8%を占めており，他の元素はきわめて低濃度である．主要成分間の濃度比ならびに海水の pH（8.1）は，どの海洋においてもほとんど変わらない．

● 水の循環

　大気中の水蒸気は，凝結して微細な氷（雲）となり，雨や雪となって地上に降下する．降水は，森林や土壌，あるいは地下に保持され，川を流れ下り，やがて海に達する．地表や海洋にある水は，太陽からの熱エネルギーによって水蒸気となり，

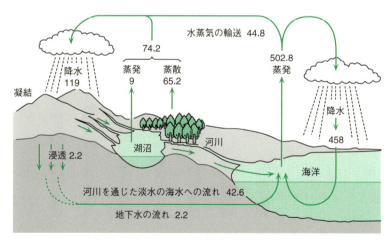

数値は年あたり総量，単位は千 km³/年

図 2・2　地球上の水の循環（文献[3]のデータより改変）

大気中へ移動する．地球上では，これが永続的に繰返され，地表と海洋，大気の間での自然水循環系が形成されている（図2・2）．

地球上の年降水総量は，約577千km^3/年である．陸上への年降水総量約119千km^3/年のうち，約62％は蒸発散し，約36％が河川を通じて海に向かって流れ，1.8％が地下水（ground water）となる．平均滞留時間（水の全部が入れ替わるのに要する時間）は，大気中の水蒸気で10日，河川水で13日，土壌水で0.3年程度と比較的短いが，淡水湖では10年，海洋で3200年，雪氷として固体状態で存在する水は9700年ときわめて長い．地下水の平均滞留時間は840年程度であるが，地域によって大きく異なり，数時間〜1万年以上と大きな開きがある．ここ1世紀以上にわたって，水循環の周期は加速している．気温の上昇が蒸発を促進して降水量が増えていることに起因する．

人間は，日常生活をはじめ，さまざまな産業活動に水を利用しており，これにかかわる水資源の開発，供給，排水施設を含む人為的水循環系が，降水が海に達するまでの自然循環系の途中に，多重構造で複雑に組込まれている．

2・3 資源としての水
2・3・1 急増する水需要

人間活動を行ううえで水は必須であり，人間活動を行う地域に限られた量の水資源を目的に応じて使用することとなる．取水した水の用途は，通常，灌漑や畜産な

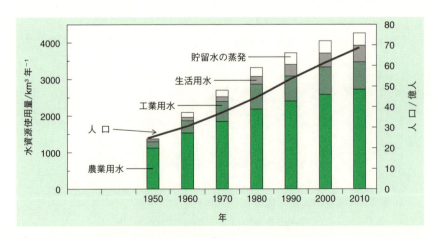

図2・3 世界人口と水使用量の変遷[4]（FAO AQUASTATデータベースによる）

どの農業用水，製品の製造活動用の水（工業用水），家庭生活や都市活動に要する水（生活用水）に大別されるが，国連食糧農業機関（FAO）の AQUASTAT データベース[4]によれば，2010 年頃の世界の水使用量は，4101 km^3/年と見積もられている．人口が増加するにつれ，水の使用量が増加する傾向は，図 2・3 に明らかである．なお，この図において，取水した後，利用されるまでの間に貯留した水の蒸発などにより失われる分も示されている．

世界人口の増加傾向は今後も続くと予想されており，水使用量の増加も続くと考えられる．水の使用に関する今後の課題は，量の問題にとどまらず，質の問題に及ぶ．

農業，工業，エネルギー，環境などに要する水資源量は，年間 1 人当たり 1700 m^3 とされ，利用可能な水量がこれを下回る場合は"水ストレス"，1000 m^3 以下では"水不足"，500 m^3 以下では"絶対的水不足"の状態であるとされている．人口の増加と生活様式の変化により，水需要量の増加傾向が続くと考えられ，水ストレス状態から，水不足状態に落込む国（地域）が増えるものと予想されている．

2・3・2 水資源賦存量

水資源の基本をなすのは，降水である．降水のうち，資源として利用可能な最大量は，**水資源賦存量**（ふそんりょう）（inventory of water resources）とよばれ，次式で定義される．

$$水資源賦存量 = (降水量 - 蒸発散により失われる量) \times 地域の面積$$

水資源賦存量は，自然環境や地理的条件に支配され，地域差が大きい．世界的に人口は増加傾向にあり，1 人当たりの水資源賦存量は減少する方向にある（表 2・4）．

国土面積が小さく，人口の多い日本の場合，1981 年以降 30 年間の平均水資源賦存量は，約 4100 億 m^3/年，人口 1 人当たり約 3400 m^3/年・人で，この間の世界の平均値（約 7500 m^3/年・人）の半分にも至らず，水資源は豊かであるとはいえない[1]．

国連開発計画（UNDP）の"人間開発報告書 2006"では，地球上にはすべての人に行き渡らせるに十分な水量が存在しているが，国によって水の流入量や水資源の分配に大きな差があるという問題点が指摘されている．

国連世界水アセスメント計画（WWAP）は，"世界水発展報告書 2014"で，年間 1 人当たりの水資源賦存量が，2050 年までに，2010 年の 4 分の 3 まで減少すると予想している．特に，中東地域，アフリカ地域の水不足は深刻になると考えられている．

表 2・4 世界の水資源賦存量と，1人当たり水資源賦存量の推移・予測 (2000〜2050年)[1]

地 域	地域内水資源量 /km^3 年$^{-1}$	割合 (%)	1人当たり水資源賦存量			
			2000年	2010年	2030年	2050年
世界全体	42,803	100	6,936	6,148	5,095	4,556
アフリカ	3,931	9.2	4,854	3,851	2,520	1,796
北アフリカ	47	0.1	331	284	226	204
サハラ以南アフリカ	3,884	9.1	5,812	4,541	2,872	1,983
アメリカ	19,528	45.6	22,930	20,480	17,347	15,976
北アメリカ	6,077	14.2	14,710	13,274	11,318	10,288
中央アメリカおよびカリブ地域	727	1.7	10,736	9,446	7,566	6,645
南アメリカ	12,724	29.7	35,264	31,214	26,556	25,117
アジア	11,865	27.7	3,186	2,845	2,433	2,302
中東アジア・西アジア	484	1.1	1,946	1,588	1,200	1,010
中央アジア	242	0.6	3,089	2,623	1,897	1,529
南および東アジア	11,139	26.0	3,280	2,952	2,563	2,466
ヨーロッパ	6,577	15.4	9,175	8,898	8,859	9,128
西および中東ヨーロッパ	2,129	5.0	4,258	4,010	3,891	3,929
東ヨーロッパ	4,448	10.4	20,497	21,341	22,769	24,874
オセアニア	902	2.1	35,681	30,885	24,873	21,998
オーストラリアおよびニュージーランド	819	1.9	35,575	30,748	24,832	22,098
他の太平洋諸島	83	0.2	36,920	32,512	25,346	20,941

2・3・3 貴重な地下水

　地球上の淡水の30％は，地下の帯水層（aquifer）に蓄えられている．地下水は，一般に水温がほぼ一定で水質も良好であることから，多くの国，地域において地下水資源の開発と利用が進められてきた[5]．2013年のわが国の地下水使用状況を表2・5に示す．

　わが国の都市用水の地下水依存率は約11％にもなっている．他の用途を含めて，全地下水使用量は，110億 m^3/年と推定されている．地下帯水層への水の供給（地下水涵養（かんよう）という）は，降雨，河川からの流出水，氷河からの融出水が地下に浸透して行われるが，ほとんど涵養されない"化石水"を保持する帯水層もある．地下水は地表水に比べて流動速度が低いため，涵養量を上回る地下水利用（過剰揚水）を行うと，地下水位の低下や枯渇，地盤沈下のおそれがある．また，自然の浄化機能が作用しにくい化学物質の地下浸透や自然の浄化能力を上回る汚濁負荷による水質

汚染に対して，脆弱（ぜいじゃく）な特性をもっている．世界的に水需要が急増する（§2・3・1参照）なかで，地下水利用も増加している．深井戸掘削技術と揚水ポンプの普及によって，地下深く存在する帯水層からも多量の水がくみ上げられ，多くの国において過剰揚水に陥っている．

北米のロッキー山脈の東側に，地下水脈オガララ帯水層（The Ogallala Aquifer）がある．日本列島の7～8倍の巨大な地下水脈は，アメリカ大穀倉地帯の灌漑農業を支えている．近年の過剰揚水によって，この帯水層の水位は1940年代から12メートル以上低下し，このままのペースで揚水を続けるなら枯渇に近づくと危惧されている．

表2・5　わが国の地下水使用状況[1]

用　途	地下水使用量 /億m^3 年$^{-1}$	地下水用途別割合（％）	全水使用量 /億m^3 年$^{-1}$	地下水依存率（％）
1. 生活用水	31.3	28.5	151.0	20.7
2. 工業用水	31.0	28.3	110.9	28.0
3. 農業用水	28.7	26.1	539.8	5.3
1.～3. 合計	91.0	83.0	801.7	11.3
4. 養魚用水	13.1	11.9		
5. 消・流雪用水	4.5	4.1		
6. 建築物用など	1.1	1.0		
1.～6. 合計	109.6	100.0		

2・3・4　水資源の利用

● 利用の形態

水資源の利用形態は，大別して，農業用水，工業用水，生活用水に分類される．世界の水利用の約7割は農業用水，約2割が工業用水，約1割が生活用水である．生活用水には，各家庭での生活に使用される家庭用水と営業用，事業用，公共用の都市活動用水が含まれる．以上の分類に従って，わが国の2013年の水資源収支を図2・4に示す．

a. 農業用水　農業用水の，おもな使途は水田や畑，果樹林の灌漑（かんがい）用水と畜産用水である．水使用量に占める農業用水の割合は，全世界平均で69％（2010年）であるが，地域によってかなりの差異があり，東南アジア80％，北アメリカ40％，西ヨーロッパ5％である．水資源賦存量の少ない北アフリカや中央アジア（表2・4参照）における農業用水への使用率（2010年頃）は，それぞれ84％，89％と高い．

農業用水として過度の取水が行われると地域の自然環境や生態系に大きな影響を与える可能性がある．綿花栽培灌漑用に取水するため川の流れを変えた結果，流入する水が激減し，現在，消滅目前に干上がったアラル海（1960年代の面積は世界第4位）は顕著な事例である（口絵3参照）．現在ではさまざまな合成繊維が使われているので，綿花栽培のためにこのような環境破壊を行うことはないであろう．

b. 工業用水 工業用水の利用割合は，北米やヨーロッパで高くなっている．使用した大部分が蒸散や流出により失われる農業用水と異なり，工業用水には利用後の回収・再利用による節水の可能性がある．日本の工業では節水化が進んでおり，2013年の例では，従業員4人以上の事業所での年間水使用量は，476億m^3で

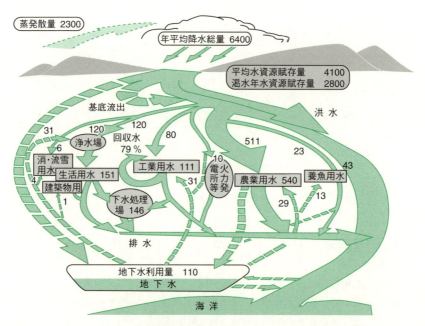

図2・4 日本の年間水資源収支（2013年，数値の単位は億m^3/年）[1]

あるが，使用した水の79%を回収し，河川水や地下水から約111億m^3を取水している（図2・4参照）．工業用水使用量には業種間で大きな差があり，化学工業，鉄鋼業，パルプ・紙・紙加工品製造業の3業種で工業用水全量の約72%を占める．回収率は，化学工業や鉄鋼業で80〜90%，パルプ，紙，紙加工品製造業では40%程度で推移している．

c. **生 活 用 水**　　日本では，2013年度，生活用水（都市活動用水を含む）として，取水量で約151億 m^3/年，漏水を除く有効水量で約131.5億 m^3/年が使用されており，給水人口1人当たり，毎日約290 L を使用している．

一般に，生活水準が向上するにつれ，生活用水の使用量は増加する．経済成長が著しい BRIICS 諸国（ブラジル，ロシア，インド，インドネシア，中国，南アフリカ）の生活用水需要は，2050年には2000年の4倍以上に増加すると見込まれている[6]．

● **排 水 処 理**

一つの目的に利用して汚濁が生じた水（廃水）を自然の循環系に戻すための手続きが排水処理や下水処理である．日本では，都市の生活排水を扱うものに，市街地の下水を処理するための公共下水道と流域下水道（水質保全が重要な公共用水域を対象に，二つ以上の市町村の区域に設置），および市街地の雨水や雑排水を処理する都市下水道がある．下水処理の過程は，① 沈殿池を通過させる間に比重の大きな懸濁物を沈殿させたのち，② 空気を吹込みながら好気性細菌により有機物を分解（活性汚泥法）して，③ 生じた活性汚泥を最終沈殿池で沈殿させ，上澄みの水を放流する．必要なら，④ 化学処理により，有機物や窒素，リンを分解除去する．

産業排水については，廃水の成分によって最適な方法を適用し，処理後の水質が，公共用水域に設定された水質の環境基準に適合しない限り，その水域への放出は許されない．

2・3・5　水 力 発 電

発電を目的とする水資源の利用がある．世界における発電設備構成および発電電力量をエネルギー源別に比較して図2・5に示す．2014年，全発電電力量の16.4%

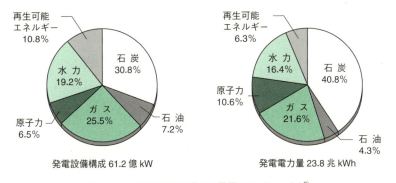

図 2・5　世界の発電設備と発電電力量（2014年）[7]

が水力発電に依存している．世界で水力発電設備設置の上位国は，中国，ブラジル，米国，カナダ，ロシア，インドで，この6カ国で世界の導入量の59％を占めている．特に，中国は，長江中流に建設した世界最大規模の三峡ダムの巨大水力発電所（2250万kW）の稼働を始めている．日本では，2014年，2200万kW（全発電量の8％）の発電を水力で行っている．

水力発電所は，一般に電力消費地から離れた場所に設置されることが多く，ダムなどの貯水施設や発電所への導水設備，送電設備などに要する初期投資は大きいが，運用開始にこぎつけたあとは，設備の補修を行うだけでよく，水源が確保される限り発電が可能である．近年は，発電に伴うCO_2の発生が少ないことから，クリーンエネルギー源として再評価されている．しかし，大規模な水力発電施設開発には，ダム建設に伴う住民の移転問題や，遺跡・文化財の水没問題など立地上の課題が大きいのみならず，周囲の生態系に及ぼす影響も懸念され，新しい建設地を見いだすことは難しくなっている．

水力発電では，節水のため，夜間の余剰電力を用いて発電所下流に設置した貯水池から発電所上流に設けた貯水池に水をくみ上げて，発電用水として再利用する揚水発電が導入されている．

2・4　水の浄化と精製
2・4・1　浄水処理
● 従来型の浄水処理

日本の水道は100年を超える歴史をもつが，急速に普及したのは1960年代前後である．水道普及率は，2013年度末時点で，97.7％（給水人口約1億2437万人）となった．日本は，水道水がそのまま飲用可能な数少ない国の一つである．

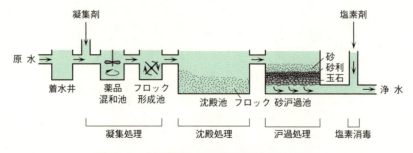

図 2・6　浄水処理における急速砂沪過方式の概要

伝統的な浄水プロセスは，原水の濁りを取除いて無色透明な水に変え，消毒処理を加えるものである．水の濁りは，おもに粘土などのコロイド状物質に起因している．ここに，電解質（凝集剤）を加えると，粒子間の静電反発が弱まり，凝集し沈殿するようになる．この効果は，解離したとき電荷の大きなイオンを生じる電解質を加えた場合ほど大きい．このような粘土コロイドの化学的特性を利用した浄水法が，従来から広く用いられている"急速砂沪過方式"である（図2・6）．まず原水に硫酸ナトリウムやポリ塩化アルミニウムなどの凝集剤を加えて，原水中の懸濁物質を凝集させて沈殿除去する．これで除去できなかった微粒物質を砂沪過池でこし分けたのち，塩素を注入して殺菌し，上水道に給水する．

● **高度浄水処理**

日本では，水道水は，"水道法"に基づく省令で規定された51項目もの基準に適合した水質であることが要求される．原水が，急速砂沪過方式では除去が難しい有機物や，トリハロメタン，陰イオン界面活性剤，溶存状態にある臭気物質などを含んでいる可能性がある場合には，原水の汚れの程度に応じて，つぎのような"高度浄水処理"技術を従来の浄水処理法に組合わせる例が多くなった．

a. 生物処理 原水を微生物が付着した沪過材に繰返し通し，大量の空気を吹込む．微生物が，水中の汚れや異臭の原因となる物質を分解する．

b. 活性炭処理 やし殻などを高温（900℃程度）で蒸し焼きにして得られる炭は，多孔質で，$700 \sim 1400 \text{ m}^2 \text{ g}^{-1}$ もの内部表面積をもち，多くの化合物に対して吸着活性を示すことから，**活性炭**とよばれる．原水を粒状活性炭を詰めた層を通過させるか，原水に活性炭粉末を投入して，水中の汚染物質を吸着除去する．

c. オゾン処理 従来法の塩素に代わり，酸化力がはるかに強いオゾン（O_3）を用いる浄水処理は，殺菌のほか，脱臭，脱色，有機物の分解に有効で，汚れの進んだ原水に適用されている．

d. 膜沪過処理 水を加圧して多数の微細な孔をもつ特殊な膜を透過させ，水中の微細な懸濁物，コロイド粒子，細菌などを除去する．除去の対象となる物質により，適当な細孔径の膜が用いられる．

2・4・2 海水淡水化

海水淡水化技術が，河川のない離島や海のある砂漠地域での生活用水確保のために広く利用されている．主要な淡水化法として，蒸発法，逆浸透法，電気透析法が知られている．今日では，エネルギー消費の少ない逆浸透法や電気透析法が普及している．日本では，沖縄県北谷町（造水能力最大 $40{,}000 \text{ m}^3/\text{日}$）と福岡市（同

50,000 m³/日）に，逆浸透法による水道水供給用の大規模海水淡水化施設が稼働している．海外ではより大規模な淡水化プラントがつくられている（シンガポール 318,500 m³/日，イスラエル 350,000 m³/日；現在世界最大規模）．

a. 蒸発法（distillation process）　海水を加熱蒸発後に冷却して淡水を得る．船舶のエンジンやボイラーを熱源として高温高圧の熱水をつくり，これを低圧条件下に導いて蒸発させるフラッシュ法や効率を高めた多段フラッシュ法，さらに蒸気圧縮で熱効率を高めた多重効用法などが利用されている．おもに工業用，船舶用造水装置として利用されている．

b. 逆浸透法（reverse osmosis process）　図 2・7 に概念を示す．(a) 半透膜を境に，純水（淡水）と海水（塩水）を入れると，両側の液の塩濃度差が小さくなる方向の変化が生じ，純水が半透膜を通過して海水側に移動する現象（**浸透**）が起こる．このため，(b) 水面の高さに違いができるが，ある高さになると浸透は止まる．このときの水面の高さの差に相当する水圧が半透膜に加わって平衡状態になっている（この圧力が海水の浸透圧）．(c) 海水側に浸透圧以上の圧力を加えると，浸透平衡は変化し，海水側の水が半透膜を通過して純水側に移動する（**逆浸透**）現象が起こる．このように，加圧した海水から半透膜を通して淡水が連続的に得られる．このような特殊な機能をもつ膜の開発はグリーンケミストリーの対象である*．逆浸透膜による海水淡水化プラントの写真と逆浸透膜エレメントの構造図を口絵 4 に示す．

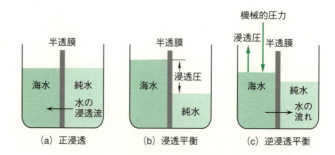

図 2・7　逆浸透法による海水淡水化の原理

c. 電気透析法（electrodialysis process）　図 2・8 に概念を示す．陽イオンと陰イオンに対し，それぞれ選択的透過性を示す高分子膜（イオン交換膜）を交互に

---

* 東レ株式会社は "高機能性逆浸透膜の開発" により，2015 年に第 15 回 GSC 賞経済産業大臣賞・環境大臣賞を受賞した．

配置し，海水を入れて，両側に電圧を加える．電場の中で海水中の陽イオンは，陰極方向への力を受け移動する．この陽イオンは，陽イオン交換膜は透過するが陰イオン交換膜には静電反発により接近（透過）できず，その前にとどまる．陰イオンについても，陽イオンとは逆方向で類似の現象が生じる．その結果，海水は，膜を隔てて，濃縮水と淡水に分かれる．これを利用して海水から連続的に淡水を得ることができる．

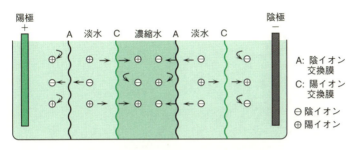

図 2・8　電気透析法による淡水化の模式図

2・4・3　超 純 水

　半導体製造工業や製薬工業，原子力発電所などにおいては，用いる水の水質が製品の品質や装置の安全性を左右するほどに重要であり，多額を投じた水精製装置で処理した超純水とよばれる精製水が使用される．超純水は，原水から懸濁微粒子，金属イオンや無機陰イオン，有機化学物質などを極限まで除去したきわめて高純度な水である．このために微細粒子を除去しうる限外沪過膜，逆浸透膜や中空糸フィルター，活性炭やイオン交換体などの吸着剤が組合わされて使用される．超純水を得るために，水表面への赤外線照射による非沸騰蒸留法などの特殊な技術が用いられている．

　水の純度の指標である超純水の導電率は，一例では，25 ℃で 0.067 $\mu S\ cm^{-1}$ 以下（純水の理論値: 0.055 $\mu S\ cm^{-1}$）で理論純水にきわめて近い値に達している．半導体工業など先端的産業は超純水に大きく支えられており，高機能な各種沪過膜や吸着剤の開発や供給なしにはこれらの産業は成り立たない．

2・5　水資源と環境
2・5・1　自然の水質浄化システム

　自然には，環境を回復させる自浄システムが形成されており，著しい環境悪化に

至らずに済んでいる．しかし，自浄作用の能力を超える大量の汚濁物質がもち込まれたとき，環境汚染問題として顕在化する．

河川における自浄システムの概略を図2・9に示す．水に含まれる有機物は，河底の石などの表面に膜状に付着した微生物により分解（酸化）され，最終的に二酸化炭素（CO_2）になる．また，アンモニア性窒素は，亜硝酸性窒素（NO_2-N）を

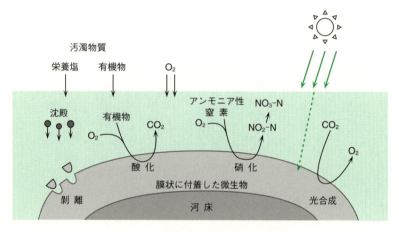

図 2・9　河川における自浄作用の模式図

経て硝酸性窒素（NO_3-N）に変化（硝化）する．これらの化学反応に伴い，水中に溶存している酸素（O_2）が消費されるが，流れによって水が撹拌されることにより，水面を通じて大気から酸素が供給される．また，植物プランクトンの光合成反応によっても，有機物の酸化と硝化に必要な O_2 が供給される．水中に含まれる窒素やリンは，生物膜中の藻類など光合成微生物の増殖を促すはたらきをする．

2・5・2　水質環境基準

わが国では，水質汚濁防止法により，公共用水域や地下水の水質について，人の健康の保護や生活環境の保全のうえで維持されることが望ましい条件を環境基準として定めている．人に健康被害を及ぼすおそれのある重金属や化学物質全27項目（健康項目）の環境基準が全水域に適用される．また，pH, 溶存酸素量（DO），生物化学的酸素要求量（BOD），化学的酸素要求量（COD）など13項目（生活環境項目）については，水域群別に，利水目的に応じて類型指定された水域ごとに指定された環境基準が適用される．

a. 溶存酸素量（dissolved oxygen, **DO**）　試料水に溶けている酸素（O_2）濃度で，通常 mg L^{-1} 単位で表される．水の中で有機物の分解（腐敗）などが起これば，これに伴う酸素の消費によって DO の値は低下し，水中生物の生息に障害が大きくなる．環境基準値は，水道水として利用および自然環境保全を目的とするような河川や湖沼の場合，7.5 mg L^{-1} 以上である．

b. 生物化学的酸素要求量（biochemical oxygen demand, **BOD**）　試料水に含まれる有機物が，水中に存在する微生物によって好気的条件下で分解される間に消費される酸素量である．一定温度で密閉容器中に試料水を一定時間保ったときの溶存酸素の減少量で表される．BOD は水に含まれる生分解性有機物量の尺度，いいかえれば有機物による水質汚濁の尺度になる．

c. 化学的酸素要求量（chemical oxygen demand, **COD**）　試料水中の有機物を過マンガン酸カリウムなど一定の強力な酸化剤によって分解したときの酸化剤消費量を，反応に使われた酸素量に換算したもの．亜硝酸（NO_2^-）や鉄分なども酸化されるが，被酸化物質の主要なものは各種の有機物であり，したがって COD は，BOD と同様に，有機物による水質汚濁の尺度となる．通常，河川には BOD が，湖沼と海洋については，共存物による妨害を避けるため COD が用いられる．

2・5・3　水質汚濁

● 有機物による汚染

日本の河川，湖沼，海域における環境基準達成率の推移を有機物汚染の指標である BOD または COD で比較して，図 2・10 に示す．河川について環境改善のあと

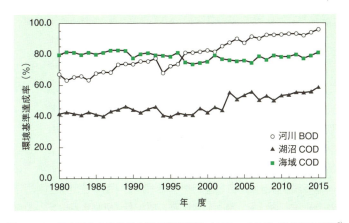

図 2・10　日本国内の公共用水域の環境基準（**BOD, COD**）達成率の推移[8]

が認められ，2015年度の達成率は95.8%である．湖沼の達成率は，2015年においても58.7%と低く，依然として有機物汚染の進んだ状況にある．海域の汚染状況は大きく変化していない．

後背地に大都市や工場群などの大きな汚濁源を抱える湖沼，内湾，内海などの閉鎖性水域は，汚濁物質の流入量が大きいうえに，水の入れ替わりが緩慢で汚濁物質が蓄積しやすく，水質汚濁が生じやすい．わが国では，広域的な閉鎖性海域については，水域への汚濁負荷量を全体的に削減することをめざして，水質総量規制が適用されている．特に水質改善の進まない東京湾，伊勢湾，瀬戸内海はこの対象海域である．CODについての環境基準達成率（2015年度）は，東京湾63.2%，伊勢湾68.8%，瀬戸内海76.5%と低い．

● **富栄養化**

植物の栄養塩である窒素（N）やリン（P）の含有量が高くなった水域では，藻類など水中植物の増殖が異常に活発化しやすい．このような水域の状態変化を**富栄養化**（eutrophication）という．富栄養化が起こっている水域で日照が豊かな条件

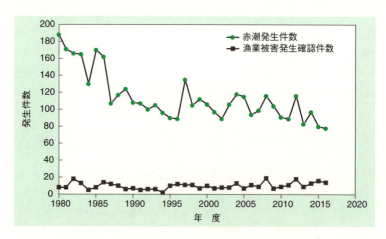

図 2・11　瀬戸内海における赤潮発生と漁業被害の推移[8]

では光合成が活発になり，異常増殖したプランクトンの色素のために，海水が赤色に変色し（**赤潮**），湖沼水では緑色に変色する（**アオコ**）ことがある．このとき，水の透明度が低下するばかりでなく，藻類が枯死してカビ臭を生じ，さらには肝臓毒，神経毒などの有害な物質が生成することがあり，上水道への水利用は不適当に

なる．また，BODやCODの値は増大し，溶存酸素量（DO）が低下して，水生生物や魚類が死亡するなど，水産や観光上の被害が発生する．異常増殖したプランクトンの枯死体が海底に沈降し分解するとき，硫化水素を含む酸素欠乏状態の水が表層まで浮上すると，生じた硫黄コロイドのため海面が青白色になることがあり，**青潮**とよばれる．

瀬戸内海での赤潮発生状況を図2・11に示す．漁業被害も確認されている．

● **地下水の汚染**

地下水は，河川水に比べて溶存する物質量が多く，また地質の影響により地域によって組成が異なる場合がある．地下水の流れはきわめて緩慢であり，汚染すると

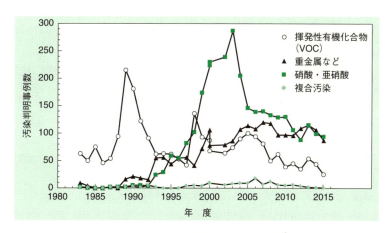

図 2・12　地下水汚染判明事例数の推移[8]

水質の回復は非常に困難となる．地下水汚染の状況を図2・12に示す．汚染原因として事例の多い硝酸・亜硝酸は，おもに施肥や家畜の排せつ物に，揮発性有機化合物（VOC）は，工場や事業所における排水や廃液，原料に，それぞれ，起因し，また重金属については自然的要因によると考えられている．

● **重金属による汚染**

わが国の環境問題の歴史において有名な下記の4事件は，いずれも重金属による水域の汚染によってひき起こされたものである．

① **足尾銅山鉱毒事件**：1878年頃から問題化した渡良瀬川流域での鉱山排水による農業被害ならびに健康被害．特に1890年，洪水により，河川に流出した銅，

鉛などの重金属を含む汚泥や坑内水が，広範囲の耕地を汚染した．
② **イタイイタイ病**（Itai-itai disease）：1955年に報告された富山県神通川流域での慢性カドミウム中毒．原因は，上流での鉱山廃水の流出．日本最初の公害病として認定された．
③ **水俣病**（Minamata disease）：1956年に報告された熊本県水俣湾沿岸住民の手足の運動機能や言語などの神経障害．原因は，湾内に流入した化学工場排水中に含まれる水銀（有機水銀化合物）で，魚による生物濃縮を介して人に被害が及んだと考えられている．当時，工場では，アセチレンから酢酸を製造する触媒に無機水銀化合物が使用されており，これが有機水銀に変化したと考えられている．現在の日本では，酢酸製造に水銀触媒は用いられていない．
④ **第二水俣病**：1965年に発見された新潟県阿賀野川流域住民の神経障害．原因は，水俣病と同様に工場廃水に含まれる有機水銀．

日本では，1970年前後から環境保全に関する法整備がなされ，工場などによる汚染物質の排出は規制されている．2017年，水銀の採掘，使用，輸出入の国際的規制を定めた"水俣条約"が発効した．

● **残留性有機汚染物質**

難分解性で環境中に残留し，食物連鎖によってヒトの体内に蓄積され，健康に影響を及ぼす性質をもつ汚染物質のことを**残留性有機汚染物質**（persistent organic pollutants，**POPs**）という．POPsの国連環境計画（UNEP）では，POPsによる地球規模の汚染を防止するための国際的枠組として，2001年，環境中の残留性が高いDDTなど12化学物質（図2・13参照）について，製造と使用を原則禁止と

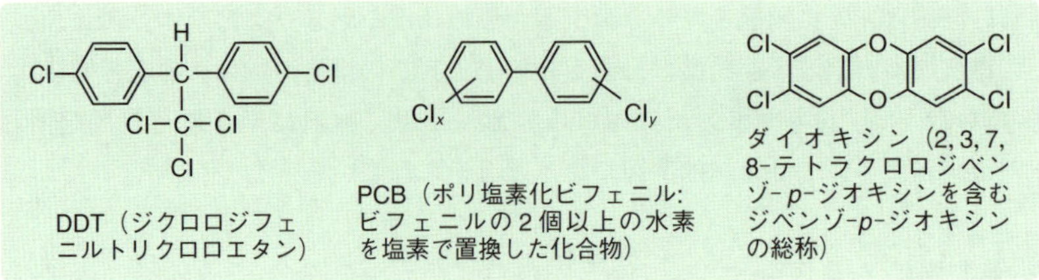

DDT（ジクロロジフェニルトリクロロエタン）
PCB（ポリ塩素化ビフェニル：ビフェニルの2個以上の水素を塩素で置換した化合物）
ダイオキシン（2,3,7,8-テトラクロロジベンゾ-p-ジオキシンを含むジベンゾ-p-ジオキシンの総称）

図2・13 残留性有機汚染物質の例

する"残留性有機汚染物質に関するストックホルム条約"を採択した（DDTについては，マラリア対策用に限って使用が認められている）．日本は条約を批准した

が，すでに"化学物質の審査及び製造等の規制に関する法律（化学物質審査規制法：化審法）"により対応済みであった．その後，2013 年開催の第 6 回条約締約国会議までに 11 物質が，さらに 2015 年に 3 物質群が POPs として追加指定された．

わが国では，ダイオキシン類対策特別措置法（1999 年）によりダイオキシン類の環境への排出規制が実施されている．以後，環境へのダイオキシンの排出総量は，年々減少しており，2015 年に環境省が実施したモニタリングでは，環境基準超過例は公共水域水質 1491 地点中 1.5%，地下水 515 地点中ゼロであった[9]．

生物が環境中から取込んだ化学物質が体内に蓄積され，体内濃度が体外の環境中濃度より高くなる現象を**生物濃縮**（bioconcentration）という．有害化学物質による水質汚濁は，発生源から水域に排出された段階ではごく低濃度であっても**食物連鎖**（food chain）を通じて段階的に生物濃縮され，食物連鎖の上位に位置するヒトや鳥類の体内に高濃度に蓄積され（図 2・14），健康に影響を及ぼす可能性がある．

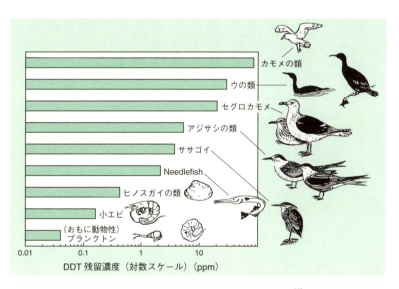

図 2・14　DDT 残留濃度・生物濃縮の典型例[10]

2・6　水域環境保全と科学技術

● 海洋汚染

2016 年度に日本周辺海域で発生した海洋汚染事件の発生確認件数は 437 件にのぼる[11]．この過半数（67%）は油汚染で，このほか，漁具やプラスチックなどの廃

棄物，有害液体物質，赤潮・青潮，その他工場排水などさまざまな原因による汚染が確認されている（図2・15）．油汚染は船舶が排出源の多くを占めていることから，対策をとるべき対象は比較的明確であり，また流出油を除去するための微生物による環境浄化技術（バイオレメディエーション，bioremediation）が実用化されている[12]．

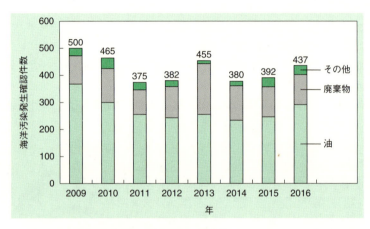

図 2・15　海洋汚染の発生確認件数の推移[11]　　"その他"は工場排水，有害液体物質，青潮など．

一方，海上を漂流する廃棄物の多くは，発泡スチロールなどのプラスチック製品で，海上で分解されにくく，長期にわたって汚染物質となり続ける．近年，マイクロプラスチックとよばれる微細なプラスチック海洋ごみが海洋や沿岸の生態系に影響を与える可能性が危惧されている．使用目的を達したあとに，環境中で自然に分解されるプラスチック類の開発・普及が，この問題の解決にきわめて有効である．より詳しくは第7章を参照されたい．

● 有機溶媒からの転換

化学工業のみならず塗装や洗浄などさまざまな産業分野において有機溶媒（溶剤）が広く用いられている．しかし，その多くは指定化学物質であり，揮散してヒトの健康に被害をもたらし，あるいは地下水汚染など長期に及ぶ水域の汚染をひき起こすおそれがある．これへの有効な方策として，有機溶媒ではなく超臨界水や超臨界二酸化炭素を用いた有機合成や抽出分離などのグリーンケミストリー（GC）

技術が開発されている（第6章 p.150 コラム"水溶媒"参照）．超臨界流体を利用した環境調和型化成品製造技術（産業技術総合研究所，2004年），亜臨界水を応用した低環境負荷な界面活性剤合成プロセス（花王株式会社，2009年），超臨界流体を用いた天然物および環境関連物質の分離・反応プロセス（名古屋大学，2015年）などの技術開発は，GSC賞の受賞対象となっている[13]．

2・7 貴重な水資源

人口増加と経済成長に従って，水需要が満たされない傾向が強まってきた．特に，人の生命，健康の維持に不可欠な飲料水の需要・供給は重要事項である．国連の"ミレニアム開発目標（MDGs）"（2002年）では，1990年以降の取組の発展として，2015年までに安全な飲料水を継続的に利用できない人の割合を半減させることを目標に設定した．この取組に成果があったことは，図2・16に示されてい

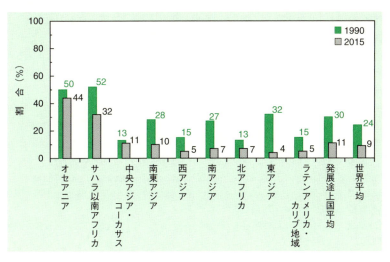

図 2・16 安全な飲料水を継続的に利用できない人々の全人口に対する割合[1]

る．しかし，オセアニアやサハラ以南アフリカなどの地域では十分な改善に至っていない．国連の"人間開発報告書2006"は，サハラ以南アフリカが安全な飲料水の目標を達成できるのは2040年と予想し，MDGsの目標達成が至難な状況にあることを指摘している．経済協力開発機構（OECD）による予測（2012年）[6]では，世界人口が96億人に達すると予想される2050年には，年間1人当たりの水資源賦存量は2010年の75％まで減少し，特に，中東地域やアフリカ地域での水不足は顕

著になると考えられている（表2・4参照）．今後，限られた量の水資源を多くの人が有効に使用すること，水環境ならびに水質を改善するための技術，良好な状態に管理するための制度についての取組が重要である．

演 習 問 題

2・1 試料水 100 g を完全に蒸発させたところ，塩化ナトリウム 11.7 mg が析出した．試料水中の Na^+ イオンと Cl^- イオンの濃度を，ppm で表せ．

2・2 わが国の国土面積と人口を考慮した1人当たりの年降水総量を求め，世界全体について計算した結果と比較せよ．

2・3 地下の帯水層の世界的な分布の状況を調べ，地図に重ねて示せ．

2・4 農業用水の過度な大量使用による自然環境破壊について，アラル海を例として調べ説明せよ．

2・5 半導体工業や製薬工業など用いる水が製品の品質や安全性を左右するといわれる分野において，超純水とよばれる水が使用される．どのような水であるのか調べよ．

2・6 水質汚濁については，多くの場合汚染成分の濃度が問題にされる．したがって，大量の水によって汚濁した水を希釈すれば環境中に放出してもかまわないといえるか．

2・7 近年，残留性有機汚染物質（POPs）に対する関心が高まっている．POPsの具体的な物質名と，これらに対する取組について調べてみよ．

参 考 文 献

1) "平成28年版 日本の水資源の現況について", p.4, 国土交通省 (2017).
 http://www.mlit.go.jp/mizukokudo/mizsei/mizukokudo_mizsei_fr1_000036.html
 ［表2・2 参考資料 p.142, 表2・4 p.106を改変, 表2・5 参考資料 p.161, 図2・4 参考資料 p.145, 図2・16 p.112］
2) 北野 康 著, "化学の目で見る地球の環境 — 空, 水, 土（改訂版）", p.52, 裳華房 (2006).
3) M. Black, J. King 著, 沖 大幹 監訳, "水の世界地図 — 刻々と変化する水と世界の問題", 第2版, p.14, 丸善 (2010).
4) "FAO. 2016. AQUASTAT Main Database, Food and Agriculture Organization of the United Nations (FAO)". Website accessed on ［11/10/2017 9:47］
 http://www.fao.org/nr/water/aquastat/data/query/
 ［図2・3 http://www.fao.org/nr/water/aquastat/water_use/index.stm］
5) "Groundwater Resources of the World and Their Use", UNESCO (2004).
 (http://unesdoc.unesco.org/images/0013/001344/134433e.pdf に公開)
6) "OECD Environmental Outlook to 2050", OECD (2012).
 https://www.oecd.org/env/indicators-modelling-outlooks/49844953.pdf

参 考 文 献

7) "エネルギー白書 2017", p.243, 資源エネルギー庁 (2017).
   http://www.enecho.meti.go.jp/about/whitepaper/2017pdf/
8) "平成 29 年版 環境統計集", 5 章 水環境, 環境省 (2017).
   http://www.env.go.jp/doc/toukei/contents/5shou.html#5shou
   [図 2・10 p.194, 図 2・11 p.200, 図 2・12 p.203]
9) "環境・循環型社会・生物多様性白書 (平成 29 年版)", p.255, 環境省 (2017).
10) 栗原紀夫 著, "豊かさと環境 ── 化学物質のリスクアセスメント", p.48, 化学同人 (1997).
11) "海上保安統計年報 海域別海洋汚染発生確認状況", 海上保安庁 (2009〜2017).
    http://www.kaiho.mlit.go.jp/doc/hakkou/toukei/
12) 松永 是, 倉根隆一郎 著, "おもしろい環境汚染浄化のはなし", 日刊工業新聞社 (1999).
13) GSC 賞受賞テーマ・受賞者リスト: http://www.jaci.or.jp/gscn/page_07.html

[そのほかの参考書]
・"水供給 これからの 50 年", 持続可能な水供給システム研究会 編, 技報堂 (2007).
・"化学物質リスクの評価と管理 (産総研シリーズ)", 中西準子, 東野晴行 編, 丸善 (2005).
・山口勝三, 菊地 立, 斎藤紘一 著, "環境の科学 三訂版", 培風館 (2008).
・"世界の統計 2017", 総務省 (2017).
・"自然エネルギー白書 2016", 環境エネルギー政策研究所 (2017).
・"自然エネルギー世界白書 2016 (日本語版)", 環境エネルギー政策研究所 (2017).
・"日本の気候変動とその影響 (2012 年度版)", 文部科学省・気象庁・環境省 (2013).
・"気候変動監視レポート 2016", 気象庁 (2017).

気候変動の化学

3・1 地球は温暖化している
3・2 赤外線の吸収と地球の温度
3・3 人間活動と温室効果ガス
3・4 気候変動の諸要因
3・5 温暖化への対策

3・1 地球は温暖化している

　気候変動への顕著な現象は**地球温暖化**（global warming）である．これは地球表面の大気や海洋の平均温度が長期的に見て上昇する現象である．地球温暖化が急速に進めば，将来の人類や環境へ甚大な悪影響を及ぼすのではないか，と危惧されて

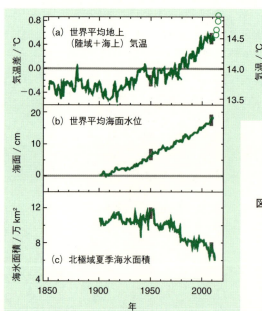

図 3・1 地球の温暖化[1]　a) 1961〜1990 年の平均気温 14.0 ℃を水平線で示した．2013〜2015年（実測），2016 年（見通し）を ○ で示す．b) 海面 1900〜1905 年基準．c) 北極域 7〜9 月の平均値．それぞれ複数の観測データセットの報告があり，セット間の不一致の幅を代表例として縦棒 ▮ で示した．

IPCC(気候変動に関する政府間パネル)

IPCC(Intergovernmental Panel on Climate Change, 気候変動に関する政府間パネル)は気候変動その主原因の温暖化について,科学的な最新の知見の収集,整理,対策がない場合の被害想定,温暖化への対策技術や政策の実現性やその効果に関する評価をする機関である.国連環境計画(UNEP)と世界気象機関(WMO)が1988年に共同で設立した.1990年から数年ごとに報告書が発行され,最新版として2013〜2014年には第5次評価報告書(AR5)が発行された.AR4の際には130ヵ国から結局3500人の執筆者,査読者が参加した.AR5では,気象学・物理学・海洋学・統計学・工学・環境学・社会科学・経済を含む各分野から合計831人が執筆者,査読者として選ばれスタートした.最終的には執筆者,査読者数は4000人規模になるという.既存文献を収集・評価するので理解が不十分な点や見解が一致していない点が含まれている.不確実性の大きさ,見解の一致の程度についても述べられている.

IPCCは地球温暖化問題への対応策を科学的に裏付ける組織として大きな影響力がある.アル・ゴア(Al Gore)とともに2007年ノーベル平和賞を受賞した.IPCCの評価報告書は三つの作業部会(WGⅠ〜WGⅢ)による報告書,および統合報告書から構成されている.三つの作業部会の任務は,WGⅠ:自然科学的根拠,WGⅡ:影響・適応・脆弱性,WGⅢ:気候変動の緩和 についての評価である.まとめでは"21世紀末の温暖化を工業化以前に比べ2℃未満に抑制するには現行を上回る緩和策が必要"としている.

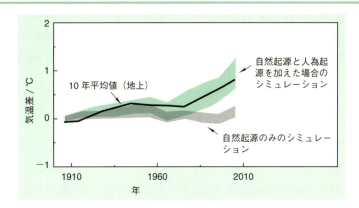

図3・2 20世紀後半の地上気温上昇は人為起源[1] 地上気温(陸域と海上)の変化(――,10年平均値),太陽活動と火山による自然起源のみのシミュレーション(■),自然起源と人為起源を加えた場合のシミュレーション(■).気温差は1880〜1919年の平均値から.人為起源を加えた場合のシミュレーションが現実を再現している.影の部分は90%信頼区間を示す.

いる. IPCC（前ページ, コラム参照）は"地球が温暖化している"との評価を報告している[1]. まず, その報告の中の代表的結果を図3・1, 図3・2で眺めてみることにしよう.

世界平均地上気温は過去1000年で20世紀が最も暑く, 世界の平均気温は150年前に比べて約 0.85±0.2 ℃ 上昇し, しかもその上昇速度は最近の20年間が特に速くみえる（図3・1a）. これに伴い, 海面水位は20世紀の間に約19 cm（図3・1b）上昇し, 北極域の夏季海氷面積は20世紀初頭に比べ半分以下まで減少している（図3・1c）. 温暖化に関連して, 海の酸性化が観測された. 海はpH 8.1付近のアルカリ性だが, 1990から2010年の20年間で水素イオン濃度 [H^+] が7％増加したことが報告された. これらの観測は複数のグループによって継続的に計測され, その信頼区間は5～95％とされている*.

観測された温暖化が自然起源なのか, それとも人為起源であるかについてさらに検討された. 自然起源とは太陽がより強く輝いたためなどであり, 人為起源とは石油, 石炭など化石資源の消費により, 二酸化炭素などが増大したためである. 図3・2に示すように, 世界規模の地上気温の変化と, 自然起源によるシミュレーション, 自然起源に人為起源を加えた場合のシミュレーションが比較された. その結果, 最近50年の地球温暖化は人為起源であると結論された[1].

21世紀末には2000年比で1 ℃ から4 ℃ 上昇するのではないか, それに伴い, 海面は40～65 cm の上昇が見込まれ, 高潮の被害は甚大になるのではないかと予想されている. われわれは気候変動を注意深く観察し, 人間社会に破壊的な影響が及ぶことのないよう, 適応能力を高め, 緩和策を講じていかなくてはならない.

本章では気候変動の主原因である地球温暖化の化学的側面, つまり**温室効果ガス**が熱をため込む機構を説明し, **地球温暖化係数**（GWP）, **放射強制力**などの地球温暖化のキーワードの理解, 温室効果ガス濃度の過去, 現状を解説する.

3・2 赤外線の吸収と地球の温度
3・2・1 温室効果とは

温室効果の機構の概略をまず示しておこう. 太陽エネルギーの7割は地表面に吸収され, 熱に変わり, 地表を暖める. 地表はその温度特有の波長幅の広い**赤外線**（infrared radiation）を放射する（図3・3a）. そのうちの一部が**二酸化炭素**（carbon

---

* 90％の確率（信頼度）で全体の平均を含む区間. 両側の5％ずつを切捨てるという意味で5～95％と書いたり, 90％信頼区間という場合もある.

dioxide)，水蒸気などに吸収され，残りは宇宙に放出される（図3・3b）．赤外線を吸収する大気の成分を**温室効果ガス**（greenhouse effect gas）という．赤外線を吸収した温室効果ガスは大気，地上にそのエネルギーを伝達する．地球に向かって再放射された赤外線は地表を暖め気温を上昇させることになる．この温室効果が効き過ぎている場合に，地球温暖化がひき起こされる．

温室効果ガス，それは赤外線を吸収するガスである．どんな分子が赤外線を吸収するのかを考えてみよう．

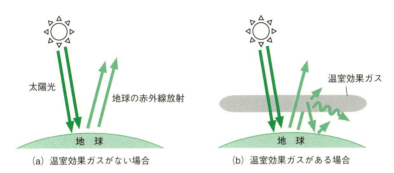

(a) 温室効果ガスがない場合　　(b) 温室効果ガスがある場合

図 3・3　温室効果の説明　(a) 太陽のエネルギーの一部は地面に吸収され，地球は赤外線を宇宙に放出する．これらの間で太陽エネルギーと地球表面の温度のバランスがとられている．(b) 地球から放出される赤外線の一部は，二酸化炭素，水蒸気などの温室効果ガス（　　）に吸収され，残りは宇宙に放出される．赤外線を吸収した温室効果ガスは大気（　　），地上（　　）にそのエネルギーを伝達する．その結果，(a) の場合に比べ地球表面の温度が上がる．

3・2・2　赤外線と分子

● 赤外線とは

赤外線は**電磁波**（electromagnetic wave）の一種であり，熱作用がある．まず電磁波について説明し，分子が赤外線を吸収，発光する現象への理解を深めることにしよう．

実はわれわれのまわりは電磁波で満ちあふれている．肉眼で見える電磁波は**可視光**（visible radiation）という．電子レンジ，テレビ，携帯電話ではマイクロ波が関係しており，健康診断で撮る胸部写真ではX線を利用している．これらはすべて電磁波である．

電磁波は図3・4に示すように，電場がプラスとマイナスに振動しながら進み，磁場も同時に振動しながら進む．振動の方向と進行方向は直交する横波である．**波**

長(wavelength, λ)は山と山,谷と谷のように同じ形が現れる最小の長さを表す.その速度は光の速度 c であり,1秒間に地球約7周半の距離を進む値,つまり $c = 3.00 \times 10^8$ m s^{-1} である.

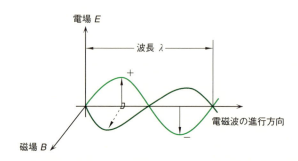

図 3・4 電磁波とは(電場,磁場は進行方向と垂直に振動している)

電磁波はその波長により見かけが異なり,まったく別物に見える.一般にわれわれが光とよんでいるのは,可視光領域の電磁波であるが,科学の研究の場で光という場合は図3・5に示す領域の電磁波をいう.その分類は図3・5のように波長で表さ

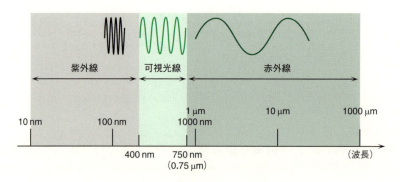

図 3・5 電磁波(光)の分類

れ,紫外線(10〜400 nm),可視光線(400〜750 nm),赤外線(750 nm〜1000 μm)である.さらに詳しく分類すると,真空紫外(10〜200 nm),UV-C(100〜280 nm),UV-B(280〜315 nm),UV-A(315〜400 nm),近赤外(750〜2500 nm),赤外(2.5〜25 μm),遠赤外(25〜1000 μm)である.

ここで光の速度 (c), 波長 (λ), **振動数** (frequency, ν: **周波数**ともいう), **波数** (wavenumber, $\tilde{\nu}$), エネルギー (ε) の関係について簡単にふれておこう.

$$c = \nu\lambda \tag{3・1}$$

$$\tilde{\nu} = \frac{\nu}{c} = \frac{1}{\lambda} \tag{3・2}$$

$$\varepsilon = h\nu \tag{3・3}$$

太陽光のエネルギーが最大となる波長は約 0.5 μm で, (3・1)式から, $\tilde{\nu}=6\times 10^{14}$ Hz (ヘルツ) だとわかる. 周波数を 1 cm あたりで表したものを, 波数とよぶ. (3・2)式から, あとで述べる二酸化炭素の波長 15 μm の振動の波数は $\tilde{\nu}=667$ cm^{-1} である. (3・3)式は光のエネルギーを表す. 光は波であるが, 粒子でもあり, これを**光子** (photon) とよぶ. これは 20 世紀の初頭, **プランク** (M. Planck), アインシュタイン (A. Einstein) らが確立した考え方である. (3・3)式の ε はその光子 1 個のエネルギーを表す. ここで h は**プランク定数**とよばれ, 6.63×10^{-34} J s である. たとえば波長 0.500 μm (6.00×10^{14} Hz) では, $\varepsilon=3.98\times 10^{-19}$ J となり, これにアボガドロ定数 (6.02×10^{23} mol^{-1}) をかければ, 1 mol の光子のエネルギー (この量を 1 アインシュタインということがある) は, 239 kJ mol^{-1} となる.

● **二酸化炭素はなぜ赤外線を吸収するのか？**

つぎに二酸化炭素が赤外線を吸収する理由を説明しよう. 大気中に二酸化炭素の 2300 倍ある窒素, 600 倍ある酸素はなぜ, 温暖化のときに議論に出てこないのか？ それは酸素, 窒素は赤外線を吸収しないからである. ならば, 分子が光を吸収したりしなかったりする理由は何か？

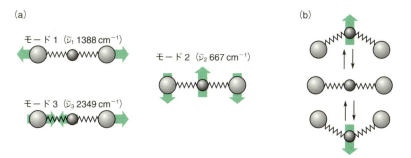

図 3・6 **二酸化炭素の振動** (a) 3 種類の振動モード, (b) 分子は無極性であるが, モード 2 で振動すると, 瞬間的に極性分子になり, 双極子モーメントを生じるため, この振動周期に相当する赤外線を吸収できる.

まず，二酸化炭素の振動を見てみよう．図3・6に示すように3種類の振動モードがある．たとえばモード2の$\tilde{\nu}_2$は667 cm^{-1}なので1秒に20兆回振動する．これは二酸化炭素のモード2の運動に固有なのである．ここに1秒に20兆回振動する電磁波（＝波数667 cm^{-1}，または，波長15 μmの赤外線）がやってくれば，二酸化炭素は調子を合わせるだろう．これがボーア（N. Bohr）の振動数条件の説明である．

さらに，二酸化炭素はもう一つの必要条件を満たしている．光の電場は非常な高速でプラス，マイナスに振れている．分子がその振動に同調して，プラス，マイナスに振れると，分子は赤外線のエネルギーを取込んだり吐き出したりする．二酸化炭素のモード2の振動を図3・6 (b) に示した．あとでも述べるようにC=Oは**極性結合**（polar bond）であり，Cは$\delta+$，Oは$\delta-$と電子の分布が偏っている．図3・6 (b) に示したモード2の振動では，分子は明らかに瞬間的に**極性分子**（polar molecule）になる，いいかえると，**双極子モーメント**（dipole moment）を発生する．半振動でその双極子モーメントは逆向きになる．したがって，二酸化炭素のモード2の振動は赤外線と同調でき，15 μmの光を吸収するのである．もちろん，吸収したエネルギーはいずれ他の分子に伝達したりして，放出される．分子振動により，瞬間的に双極子モーメントに変化が起こることが赤外光を吸収するための必要条件である．C=O結合のように，一部，極性結合をもつ二酸化炭素は無極性分子であるがこの必要条件を満たしている．

窒素分子ではそれを構成する窒素原子間の距離が振動により変わっても，双極子モーメントはゼロのままである．したがって，窒素は，その振動運動により赤外線を吸収できない．酸素も同様である．また，二酸化炭素のモード1の振動（対称伸縮振動）では双極子モーメントはゼロのままである．したがって，相当する赤外線を吸収しないのである．

● **二酸化炭素，水，メタン，一酸化二窒素の構造と赤外線の吸収**

二酸化炭素はCとOが電子を出し合って電子を共有し，二重結合を形成している．しかし，両原子の**電気陰性度**が異なるため電子を均等に共有できない．結合にかかわっている炭素原子はプラスの電荷をおび，酸素原子がマイナスの電荷をおびる（$\delta+$，$\delta-$で表す）．このことを結合に**分極**（polarization）が生じるといい，この結合を**極性結合**という．

極性結合において，どちらの原子がプラスで，どちらがマイナスになるかを予測するために電気陰性度を使うことができる．水の場合を考えてみよう．酸素は電気陰性度が3.5なので，水素の2.1との差は1.4で，図3・7 (a) に示すようにHが

δ+，Oがδ−となる．非結合電子対（上方に広がった電子軌道で示された部分に電子が2個，対になって含まれている）は，電子の塊のためOよりもさらにマイナスの電荷をおびる．結局水分子は，分子全体として，大きい双極子モーメント，1.84 D を示す極性分子である〔**D**（デバイ）：双極子モーメントの単位で，1 D = 3.34×10^{-30} C m〕．

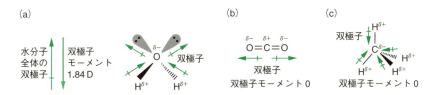

図 3・7　水，二酸化炭素，メタンの構造　(a) 水は H がプラス，O がマイナスの電荷をおび，分子全体として，双極子モーメントを示す極性分子である．(b) 二酸化炭素の場合は C がプラス，O がマイナスの電荷をおびる．しかし，直線分子のため，双極子モーメントはゼロ，つまり，無極性分子である．(c) メタンは双極子をもつが正四面体構造のため無極性分子である．

二酸化炭素の場合，電気陰性度の差は 3.5−2.5 = 1.0 であり，C が δ+，O が δ− となることが予想され，C=O 結合は極性結合である（図 3・7 b）．しかし，直線分子のため，その向きが分子内でちょうど逆向きであり，実験で観測される双極子モーメントは 0，つまり，二酸化炭素は無極性分子である．

メタンは最も単純な構造の炭化水素である．炭素の電気陰性度は 2.5，水素は 2.1 のため C が δ−，H が δ+ となり，C−H は極性結合である．しかし，C−H 結合は正四面体の頂点の方向に伸びており（図 3・7 c），全体としては無極性分子となる．ただ，無極性分子のメタンは分子振動に伴い双極子モーメントの大きさが変化する振動モードを有している．一酸化二窒素（N_2O）は，極性分子である．

以上のように極性分子である水，一酸化二窒素はもちろん，無極性分子であっても，極性結合をもつ二酸化炭素，メタンは赤外線を吸収できる温室効果ガスである．

3・2・3　太陽は可視光，地球は赤外線で光っている
● すべては光っている

赤外線を吸収する分子が，いわゆる温室効果ガスである．どの分子が重要かを考えるには，地球がどのような赤外線を放射しているかを理解する必要がある．

まず認識すべきことは，"すべては光っている"ということである．宇宙のあらゆる方向から 1 mm をピークとする電波が 1965 年に発見された．宇宙は約 138 億

年前，ビッグバンで誕生し，膨張に伴い冷却された．そしてその名残が"3 K 放射"であり，それに相当する波長が 1 mm の電波だったのである．5800 K の放射，それが太陽であるし，地球は 288 K での放射，あなたの顔は 310 K（あるいは 37 ℃）付近で光っているのである．波長が可視光でない場合は光っていることが直感的にわかりにくいだけのことである．光っていることは普遍的自然現象であり，**黒体放射**（black-body radiation）という．

● **どのような光が発せられるか，それは温度で決まる**

黒体の熱放射エネルギー（E）は絶対温度 T の 4 乗に比例することが知られており，**シュテファン・ボルツマン（Stefan−Boltzmann）の法則**とよばれる．また，黒体放射の式ともよばれる．

$$E = \sigma T^4 \tag{3・4}$$

ここで σ はシュテファン・ボルツマン定数とよばれ，$\sigma = 5.67 \times 10^{-8}\,\mathrm{W\,m^{-2}\,K^{-4}}$ である．このとき，どのような波長の光が発せられるか，についてプランクはスペクトル分布の式を考え出した．振動数 ν での光の強度（光のエネルギー密度）ρ は次式で表される．ここで k_B はボルツマン定数（$1.38 \times 10^{-23}\,\mathrm{J\,K^{-1}}$）．

$$\rho = \frac{2 \times 4\pi\nu^2}{c^3} \frac{h\nu}{\left[\exp\left(\dfrac{h\nu}{k_B T}\right) - 1\right]} \tag{3・5}$$

少し（3・5）式の説明をしておこう．最初の 2 は光には二つの偏光方向があるからである．つぎの $\dfrac{4\pi\nu^2}{c^3}$ は単位体積あたり，単位周波数（周波数は（3・1）式）あたりの振動子の数を示している．放射体（＝黒体）は振動子（＝ここでは振動している分子，原子のペアと考える）で詰まっていると考える．$\dfrac{h\nu}{\left[\exp\left(\dfrac{h\nu}{k_B T}\right) - 1\right]}$ はその振動子がもっている平均エネルギーを表している（詳しくは物理化学の教科書[2]を参照）．というわけで，（3・5）式はプランクの放射スペクトル分布の式とよばれている．この式を用いれば，太陽，地球，宇宙，そしてあなたがどのような波長の光を発しているかを計算できる．太陽，地球について計算されたスペクトルが図 3・8 で，一番外側のスペクトル（---）である．

● **太陽光の紫外線をオゾンが吸収**

太陽光のスペクトルの計算値と大気圏外と地球上で観測したスペクトル，地球のスペクトルの計算値と人工衛星での測定値を図 3・8 に示す．これにより，大気の役割が明確になる．地球上で測定した太陽光のスペクトルからオゾンの役割がわか

3・2 赤外線の吸収と地球の温度

る．図3・8(a)では一番外側の0.5 μmあたりにピークを示す---は太陽の黒体放射の計算値を示す．地球に到達する前に太陽の大気を通ってくるので，大気圏外では――の線のようになる．地球上で測定したスペクトルが――の線である．青い光はより強く散乱され，地球には少し弱まって到達する．これは空が青い原因である．オゾンがさらに短い波長の紫外線を吸収するため，短波長部は地上に届かないことがわかる．また，長波長部では水蒸気による吸収が目立つ．

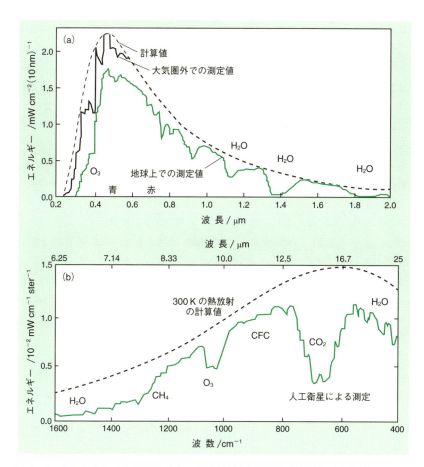

図3・8 太陽光を地球上で観測(a)，地球の放射を人工衛星で測定(b)したスペクトル (a) 太陽光のスペクトルの計算値(---)と大気圏外(――)と地球上(――)での測定値．地上ではオゾン(O_3)が紫外線を吸収するため，紫外部は地上に届かないことがわかる．(b) 地球のスペクトルの計算値(---)と人工衛星での測定値(――)．地球の放射を人工衛星で測定することにより，水(H_2O)，二酸化炭素(CO_2)，メタン(CH_4)，ハロカーボン類の一種フロン(CFC)，オゾンなどが温室効果ガスであることがわかる．

● 地球のエネルギー収支

地球のエネルギーの収支は太陽エネルギーの熱によって決まっている．土星や木星では内部からも熱エネルギーを発生しているが，地球では無視できる．人間が最近エネルギーを大量に使っており，人間が暖めているのではないか，都市の気温が上昇している，と思われる節があるであろう．人間の使っているエネルギーは石油換算で1年に131億トン（2015年），1 kg の石油がほぼ 4.2 万 kJ に相当するから，エネルギーとして，1年で 5.5×10^{17} kJ，1日あたり 1.5×10^{15} kJ となる．これは1日に太陽から受けるエネルギー 1.5×10^{19} kJ（大気圏外）の約 10,000 分の1である．したがって，地球全体からみれば，人間の使っているエネルギーは太陽から受けるエネルギーに比べ無視できるほど小さい．

地球を宇宙から見た場合のエネルギーのバランスをもう少し詳しく見てみよう．太陽から受けたエネルギーはすべて地球に吸収される訳ではない．雲により，また，砂漠のような白っぽい表面では可視部の光を反射するであろう．この反射率を**アルベド**（albedo）といい，約30%と見積もられている．ちなみに宵の明星で知られる金星は約80%近い高い反射率である．上述のとおり，太陽光は 5800 K の"黒体"が発する光と考えることができる．太陽が地球を照らすエネルギーの70%を地球は吸収することになる．

さて，地球の温度は太陽からのエネルギーと地球が宇宙に放出するエネルギーとのバランスで決まる．地球を温度 T の"黒体"と考えると，単位面積あたりに地球が放出するエネルギーは（3・4）式のシュテファン・ボルツマン式で表せる．全エネルギーは地球の表面積 $4\pi R^2$ を乗じればよい（R は地球の半径）．地球は，太陽からその投影面積 πR^2 でエネルギーを受け，その7割を吸収するから，エネルギーバランスとして次式を得る．

$$4\pi R^2 \sigma T^4 = \pi R^2 \times 0.7 \times F_s \qquad (3 \cdot 6)$$

ここで，F_s は地球近辺での太陽からのエネルギーで"太陽定数"といい，値は 1368 W m^{-2} である．シュテファン・ボルツマン定数 $\sigma = 5.67 \times 10^{-8}$ W m^{-2} K^{-4} を代入すれば，$T = 255$ K（-18 ℃）を得る．この温度は地球を宇宙から見た平均気温である．このままだと人間は住めないほど寒い．

3・2・4 33 ℃ 暖かく保つ大気の着物，それが温室効果ガス

地球を宇宙から見た場合の地球の温度は 255 K と計算された．大気の下，地球表面の平均温度は 288 K（15 ℃）である．この差 = 288 − 255 = 33 K（または ℃）が温室効果である．つまり，大気の着物は，大気がない場合の温度より 33 ℃ 地表を暖かく保ってくれているのである．

地球の放射を人工衛星で測定すると（図3・8b），地球の放熱をどんなガスが吸収し，温室効果の役割をしているかがわかる．二酸化炭素は確かに 667 cm^{-1}（15 μm）に大きな吸収を示す[*1]．しかし，水，メタン，ハロカーボン類の一種フロン，オゾンも温室効果ガスであることがわかる．地球を暖かく守ってくれる温室効果ガス，つまり，赤外線を吸収する大気中の分子の筆頭は水（水蒸気）であり，33 ℃ の温室効果のうち，約 20 ℃ は水蒸気の寄与である．二酸化炭素の温室効果は約 7 ℃ の寄与と考えられる．また，そのほかメタンなどの温室効果ガスの寄与は §3・2・6 で示す図3・10から推定できる．それぞれの役割は地域により一様ではなく，たとえば湿潤な赤道域では水蒸気による温室効果が大きいが，南極，北極では，二酸化炭素が主役と予想される．

3・2・5 温室効果ガスの効果の指数

地球の放射スペクトルを効率よく吸収する分子は少量でも温室効果が大きい．単位質量（たとえば 1 kg）の温室効果ガスが大気中に放出されたときに，メタンは二酸化炭素の 25 倍（表3・1参照），一酸化二窒素（N_2O）は 298 倍，フロンは種類により 1 万倍を超すことがある．これらの値を**地球温暖化係数**（global warming potential, **GWP**）という[*2]．ガスの濃度がわかれば，GWP を用いて地球温暖化への影響を評価できる．以下に GWP についてもう少し詳しく説明しよう．

GWP は CO_2 の効果を 1 として相対的に表す．GWP は滞留時間および赤外線の吸収効率に比例すると考えられる．温室効果ガスが短い時間で取除かれてしまえば，その後の温暖化への影響はない．したがって，影響を評価する期間によっても GWP が異なる．たとえばメタンでは 100 年では 25 であるが，滞留時間〔p.69 コラム"大気中の化学種の寿命（滞留時間）"参照〕は 12 年であるので，20 年の評価期間では GWP は約 3 倍となる．評価期間の長さを 100 年とした場合の代表的な GWP を表3・1に示した．吸収効率は一般的に濃度に比例する．しかし，二酸化炭素のようにすでに高濃度で存在する場合は，濃度に比例しない（p.70, コラム"吸収効率"参照）．

[*1] 実際の吸収は 15 μm 1 本の線ではない．分子の振動だけでなく，分子の回転エネルギーなどの関係でスペクトルに幅ができる．

[*2] GWP の計算法は世界的に統一されたものはなく，IPCC の報告書でも毎回数値が変わっている．たとえば評価期間 100 年のメタンの GWP は，IPCC の第 2 次評価報告書（1995 年）では 21，第 3 次評価報告書（2001 年）では 23，第 4 次評価報告書（2007 年）では 25，第 5 次評価報告書（2013 年）では 28 となっている．京都議定書（第一約束期間）では，第 2 次評価報告書による地球温暖化係数を温室効果ガスの排出量の計算に用いることとなっている．ただし，国連気候変動枠組条約や京都議定書第二約束期間においては IPCC 第 4 次報告書による GWP 値が使用されている．

表 3・1 地球温暖化係数（GWP；評価期間の長さを 100 年とした場合[3]）

温室効果ガス	化学式	GWP[†1] (100 年値)	GWP[†2] (100 年値)	滞留時間[†3] /年
二酸化炭素	CO_2	1	1	約 20 年
メタン	CH_4	25	28	12.4
一酸化二窒素	N_2O	298	265	121
HFC-23	CHF_3	14,800	12,400	222
PFC-14	CF_4	7390	6630	50,000
三フッ化窒素	NF_3	17,200	16,100	500
六フッ化硫黄	SF_6	22,800	23,500	3200

†1 IPCC 第 4 次評価報告書による．　†2 IPCC 第 5 次評価報告書による．
†3 IPCC 第 5 次評価報告書による．コラム"大気中の化学種の寿命（滞留時間）"を参照．
　二酸化炭素については，およそ 20 年で半減するが単純な寿命は決められていない．

3・2・6 地球温暖化の定量的尺度

温室効果ガスなどが温暖化に寄与している程度は**放射強制力**（radiative forcing）で評価されている．たとえば二酸化炭素は地表面を暖めるが（$1.68\,\mathrm{W\,m^{-2}}$），雲は太陽光を反射するので，地表面を冷やすだろう．冷やす場合は負の符号がつき，この寄与は$-0.55\,\mathrm{W\,m^{-2}}$という具合である．代表的な放射強制力を図 3・9 に示した．1750 年頃（工業化時代の始まり）を基準とした 2011 年の値である．

1750 年頃を基準とした，2011 年の人為起源の放射強制力は地球全体で平均され

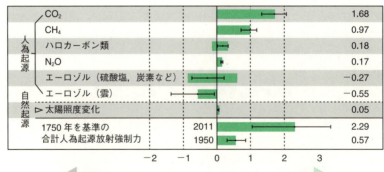

図 3・9 放射強制力[1]　1750 年を基準とした 2011 年の放射強制力の推定値抜粋．二酸化炭素から雲までが人間活動によるもので，太陽放射は自然起源である．正（負）は気候を暖める（冷やす）．棒グラフについた（⊢──⊣）は，90％信頼区間を示す．人為起源合計の放射強制力は 2011 年で$+2.3\,\mathrm{W\,m^{-2}}$，1950 年で$+0.57\,\mathrm{W\,m^{-2}}$と見積もられた．

大気中の化学種の寿命(滞留時間)

化学反応の速さは,反応する物質の濃度に依存する.温室効果ガスAが

$$A \longrightarrow 生成物$$

の反応で減少する速度がAの濃度[A]に比例する場合,一次反応という.速度は

$$反応速度 = -\frac{d[A]}{dt} = k[A]$$

と表される.このような速度と濃度の関係を表す式を速度式,k(単位は通常,s^{-1})を速度定数という.

温室効果ガスAの濃度[A]が一次の反応速度式(次式)で減る場合を考える.

$$-\frac{d[A]}{dt} = k[A]$$

上式より,濃度[A]の時間変化は次のようになる.

$$[A] = [A]_0 e^{-kt}$$

ここで$[A]_0$は初期濃度(単位は molecule cm^{-3})である.**滞留時間**,すなわち,**寿命**(τ)は$\tau=k^{-1}$である(時間τ,濃度は初期濃度の1/e=37%).放射性物質の崩壊を表す場合,**半減期**がよく用いられる.半減期(T)と寿命(τ)の関係は$T=0.693\tau$である.

下図に温室効果ガス(CH_4, CO_2, SF_6)濃度の経年変化を示す.ガスが瞬時に加わった場合を考える.その後濃度は減少していくが,メタンの場合滞留時間は約12年,

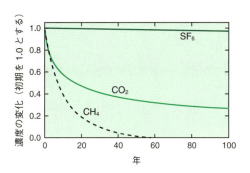

図 温室効果ガス濃度の経年変化

12年後には37%になる.SF_6は100年後でも97%が生き残る.二酸化炭素は海洋,土壌との出し入れなどがあり,最初は速く,時間がたつと減り方が遅くなるが,およそ20年で半減する.

吸収効率（赤外線の吸収の割合）

まず吸収される光の量と気体分子の濃度との関係を示す.

図1に示すように気体分子の入った容器に入射する光の強度を I_0, 光が容器（長さ l〔単位：cm〕）を透過したときの光の強度を I としたとき

$$I = I_0 \times 10^{-\varepsilon Cl}$$

となる. この関係を**ランベルト・ベールの法則**とよぶ. ここで C は気体分子のモル濃度〔単位：mol L^{-1}〕であり, ε はモル吸光係数である. 光の吸収量は入射光強度－透過光強度＝ $I_0 - I$ であることから上式をつぎのように近似できる.

$$\begin{aligned}光の吸収量 &= I_0 - I = I_0(1 - 10^{-\varepsilon Cl}) \\ &\approx I_0(1 - (1 - 2.303\,\varepsilon Cl)) \\ &= 2.303\,\varepsilon Cl \times I_0\end{aligned}$$

上式より光の吸収量はモル吸光係数 (ε), 気体分子の濃度 (C) に比例することがわかる.

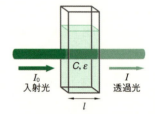

図1 光の吸収

吸収された光（エネルギー）はいずれ放出される. したがって, $\varepsilon Cl \ll 1$ の低濃度では温室効果ガスの温暖化への寄与はその吸光係数, 濃度に比例する.

$\varepsilon Cl > 0.5$（濃度が高い場合など）では, 吸収量は濃度に比例せず, 吸収の飽和現象が起こる. 大気中の二酸化炭素では実際に起こっていると考えられている.

図2に温室効果ガスと赤外線吸収効率（赤外線の吸収の割合）を示す. ガスの濃度が小さい場合, 吸収の割合の曲線（――）の接線（――）で表されるように吸収効率は濃度に比例する. 濃度がもともと高いと濃度がその2倍になっても吸収効率は2倍より小さい. 現在の二酸化炭素による温室効果はおよそ7℃に相当するが, 二酸化炭素が2倍になり, フィードバック効果がない場合, 1.2℃上昇と予想されており, さらに7℃上昇することはない. 赤外線の吸収効率が二酸化炭素の濃度に比例しないことに注意が必要である.

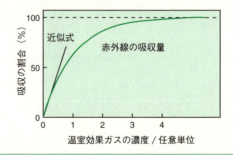

図2 温室効果ガスの濃度と赤外線吸収の割合

た値として $+2.29\,\mathrm{W\,m^{-2}}$ と見積もられ,1950年の $0.57\,\mathrm{W\,m^{-2}}$ に比べ4倍,1980年の $1.25\,\mathrm{W\,m^{-2}}$ に比べ,2倍弱となった.なお,自然起源である太陽照度の変化の寄与はわずかである.IPCC 第5次報告の結論では"可能性が極めて高い(発生確率95%以上)"で,人間活動が温暖化の方向に効いているとしている.人間活動に関係の深い温室効果ガスは温暖化にどのような割合で寄与しているのであろうか.図3・9の放射強制力の値をもとに,二酸化炭素,メタン,一酸化二窒素,ハロカーボン類の温暖化への寄与の割合を図3・10に示した.

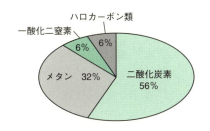

図 3・10 代表的温室効果ガスの温暖化への寄与の割合 放射強制力(図3・9)をもとに作成.

3・2・7 温暖化におけるフィードバック効果

人間活動が放出する温室効果ガスが引き金となって,さらに温室効果ガスが放出されることが考えられる.この効果は"温暖化増幅効果"あるいは"フィードバック効果"とよばれており,これを模式的に図3・11に示した.

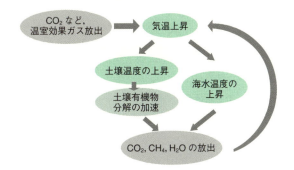

図 3・11 温暖化におけるフィードバック効果

温室効果ガスの増加によって大気が暖まると,水蒸気濃度の上昇を促し,土壌の有機物の分解は加速される.これらのガスが温室効果をさらに強める.温暖化が促され,そのことで,温室効果ガスがさらに増加する.もちろん水蒸気の増加は雲の

増大をもたらすであろう．雲は，赤外線を吸収するため温室効果があるが，一方，入射する太陽光を反射するため，地球を冷却することになる．雲の取扱いは難しく，前項で示した放射強制力の評価で，最も不確実性の幅が大きかった．しかしながら，結局，このようなフィードバック効果により，二酸化炭素の増加による効果だけに比べ，2ないし3倍の温室効果があると考えられている．同様のフィードバック効果は北極の氷が溶け，海面が広がりつつある現象にも起こっていると考えられている．フィードバック効果には幅広く諸現象が取込まれているのでその評価は難しいが，今後明確にする必要のある最も大きな課題であろう．

3・3 人間活動と温室効果ガス

3・3・1 人間活動に関係した温室効果ガスの濃度の推移

工業化時代に入ってから著しく濃度が増加した温室効果ガスのうちの3種類，二酸化炭素，メタン，一酸化二窒素について，500年以降から現在までの変動を図3・12に示した．

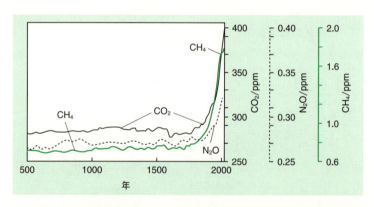

図 3・12 代表的温室効果ガスの1750年頃からの急激な増加 過去1500年間の代表的温室効果ガスの大気中濃度．1750年ごろからの増加は工業化時代の人間活動に起因する．

産業革命の始まりの頃（1750年頃）からの大気中の二酸化炭素濃度の増加原因は人間の活動に起因し，そのうちの75%は化石燃料燃焼とセメント製造由来とされ，残りの25%は森林破壊，バイオマス燃焼によると評価されている．大気中の濃度は光合成，呼吸，腐敗，海面におけるガス交換などの自然過程を通じた排出と吸収のバランスで決まるが，同位体分布の調査などから炭素の自然過程を通じた吸収量は近年増加しており人為起源の一部を相殺していると考えられている．

3・3 人間活動と温室効果ガス

> **ppm, ppb, ppt**
>
> ppm: parts per million の頭文字．100万分の1の意味で，百万分率ともいう．
> ppb: parts per billion，10億分の1，十億分率．
> ppt: parts per trillion，1兆分の1，一兆分率．
> 1 ppm＝1000 ppb＝1,000,000 ppt．なお，水溶液中の濃度について，"1 kg＝1 L" と近似し，"mg/L＝ppm" として，水質汚濁物質濃度などの単位で用いられることがある．

最近の150年で二酸化炭素は280 ppm から 403.5 ppm（2016年12月）へと 44％ 上昇し，メタンは約 0.7 ppm から 1.8 ppm へと 160％ 増加，一酸化二窒素も増加して 0.3 ppm に達している．

3・3・2 二酸化炭素

● 二酸化炭素の65万年の歴史

南極氷床コアに取込まれた気泡の分析により，過去80万年前から現在までの二酸化炭素の濃度の移り変わりが推定され，二酸化炭素と気温との相関が詳しく調べられた．ここでは65万年間のデータを図3・13に示した．気温の変動は二酸化炭

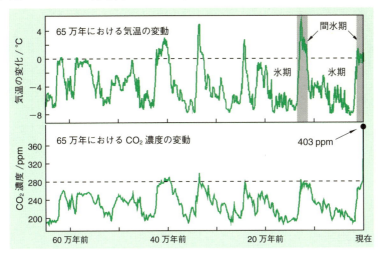

図 3・13 過去65万年前からの二酸化炭素濃度と気温の推移[4] 南極ボストーク（Vostok）氷床コアの分析による，二酸化炭素濃度は気温の変動に対応している．二酸化炭素濃度はおよそ280 ppm 以下であったが，現在(2016年)は403 ppm を超している．

素濃度の変動におおよそ対応している．地球は 65 万年間に数回の氷期を経験しており，その時期は現在より $-6\,{}^\circ\!C$ 程度気温が低かったこと，現在は間氷期に相当し，もともと気温，二酸化炭素濃度は高い時期に相当していることなどがわかる．65 万年前から二酸化炭素濃度はずっと 280 ppm 以下であり，現在は 403 ppm（2016 年）を超し，65 万年の歴史には見られない高濃度に達している．気温の上昇が二酸化炭素濃度の上昇の結果だとすれば，現在の地球の気温はさらに上がってもおかしくはない．一方，過去の二酸化炭素の増減は気温が上下したため起こったのだとする考え方がある．ただ，現在の大気中の二酸化炭素は化石燃料起源であることは炭素同位体の濃度などから確かめられている．

実はメタンもこの気温の変化とよい相関があり，一酸化二窒素もある程度の相関があることがわかっている．すなわち，気温が高いときにはメタンなどの温室効果ガスの濃度が高いことが氷床のコアの分析から明らかになっている．

● 数十年間の大気中の二酸化炭素濃度

ハワイのマウナロアでは大気中の二酸化炭素濃度の観測が 1958 年から行われ，観測結果はこれを始めた科学者の名前を取って**キーリング**（Keeling）**曲線**とよば

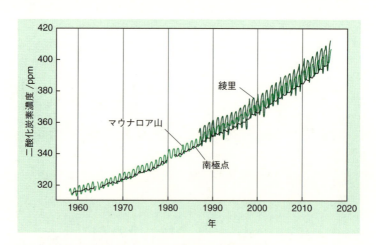

図 3・14　数十年間の大気中の二酸化炭素濃度の経年変化（ハワイマウナロア，南極点，綾里（岩手県）における測定）[5]

れている．図 3・14 に示すように南極点ではほぼ同時期から，また綾里（岩手県）の例では 1987 年からそれぞれ観測が行われている．季節変化を繰返しながら増加し，その速度は 1960 年代で 0.75 ppm/ 年，最近では 2.5 ppm/ 年と，加速されてい

る．季節変化の原因を植物の光合成活動と呼吸活動との関係から眺めると興味深い．最大と最小の差は 13 ppm であり，この量が二酸化炭素の濃度に対する森林などの役割と関係していると解釈できる．マウナロア，南極点，綾里ではそれぞれピークの位置が異なり，最大と最小の差も異なる．これらは観測点が緑の大陸からの距離，季節の逆転により説明できる．

3・3・3 メタン

メタン（CH_4）は二酸化炭素についで地球温暖化に及ぼす影響が大きな温室効果ガスであり，大気中の濃度は約 2 ppm である．農業，天然ガスの輸送，ごみの埋立てに関連した人間活動の結果として増加してきた．油田やガス田で採掘される天然ガスの主成分であり，エネルギー源，都市ガスに利用されている．メタンはバイオガスとしても知られている．メタンは，おもに大気中の・OH ラジカルと反応し，消失する．深海底や永久凍土にメタンハイドレートという形で多量に存在することもわかっている．過去の地球環境においてはメタンハイドレートの溶解による "地球温暖化" をひき起こしてきたこともあるようだ．温暖化で海水温度が上昇するとメタンハイドレートが溶解し，あるいはツンドラにため込まれたメタンが大気中へ放出され，大規模の温暖化につながると危惧する向きがある．

3・3・4 一酸化二窒素

一酸化二窒素（N_2O）は常温常圧で無色の気体で，香気と甘味があり，麻酔作用があるので笑気ともよばれる．大気中の濃度は約 0.3 ppm である．おもな発生源は，燃焼，窒素肥料の使用，化学工業（硝酸などの製造）や有機物の微生物分解などである．成層圏でおもに太陽紫外線により分解されて消滅する．濃度はほぼ直線的に増加し続けている．

3・3・5 ハロカーボン（類）

ハロカーボン類は，フッ素，塩素，臭素，ヨウ素を含んだ炭素化合物の総称であり，その多くは人工物質で，一部は成層圏オゾン破壊の原因物質である．塩素，フッ素を含む場合クロロフルオロカーボン（CFC）あるいはフロンということもある．オゾン層保護をめざした国際規制の結果，CFC の量は減少しつつある．これに伴い，温暖化への影響は 2003 年が極大で，現在は減少し始めている．ハロカーボン類の大気中濃度は二酸化炭素に比べ 100 万分の 1 程度であるが，GWP は 1 万倍を超す場合がある．わずかな増加でも地球温暖化への影響は大きい．大気中の寿命が比較的長いことから，その影響は長期間に及ぶ．

3・4 気候変動の諸要因

人間活動が及ぼす温暖化への影響について、"可能性が極めて高く"(95%以上),温暖化については疑う余地がない、と IPCC の第5次報告 (2013年) では結論している。第1次報告 (1990年),第2次 (1995年) では人為起源の可能性が論じられ,第3次 (2001年) ではその可能性が高い (66%以上) とされた。さらに,前回の第4次報告ではその確率は90%以上,今回の第5次報告では人為起源が95%以上の評価に至っている。しかし,5%間違っている,とも読み取れるし,評価した研究者群に偏りがなかったかどうか,との指摘もある。ひき続き予断を許さずに常に注意深く科学的観測結果には対応し,議論を深めていくことが重要である。ここでは,一般論としての気候変動の長期の要因 (①, ②) を紹介し,また,短期寒冷化への危惧 (③~⑤) について紹介しておく。

① 長期の気候変動の要因は地球が受取る太陽エネルギー量 (日射量) の変動に起因すると考えられている。氷期と間氷期が2~10万年の周期 (サイクル) であり,図3・13にはそのうちの65万年分の変化を示しており,現在は最後の氷期から約1万年を経た高温期間,間氷期である。このサイクルの要因はミランコビッチサイクル (Milankovitch cycle) とよばれ,地球の公転軌道,地軸の傾きと歳差運動に関連している。順番では次は氷期に向かっているとされているが,あまりに二酸化炭素濃度が高い場合,当面 (1万年以上は) 来ないのではないか,と考えられている。

② 太陽の活動は黒点の数により評価する場合がある。太陽が活発化すれば温暖化が予想される。1450~1850年は太陽活動が弱かった期間があり,小氷期ともよばれており,寛永 (1642年),天明 (1783年) の飢饉の一因になったとされている。ただ,温度低下は高々1℃と評価されている。近年の太陽の変動は,放射強制力として図3・9に示されているように,ごく小さいものである。

③ 宇宙線の増大により,雲が増え,寒冷化とするとの仮説がある。

④ 南極の氷は増加している。人工衛星による1992~2008年の観測では,氷量は増加傾向にあった。

⑤ 1998~2012年では気温上昇傾向がゆるやかになったように見え〔ハイエイタス (地球温暖化の停滞) とよばれた〕,温暖化はストップかと議論された。しかし,直後の2014~2016年で気温は最高値を更新し,ハイエイタスは変動の範囲内のようにみえる。

3・5 温暖化への対策
3・5・1 21世紀中の温度上昇は 1.8 から 4.0 ℃ か

人間社会はひき続き温室効果ガスを排出し続けるが,思いのままに大量に排出すると温暖化が進み,われわれ自身の首を絞めることになりかねない.人類は協力し環境維持を重要視した選択をする必要がある.IPCC は将来の社会構造について多くのシナリオを設定し,温暖化を予測している.図 3・15 にはそのうちの二つを示した.

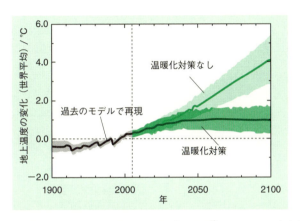

図 3・15 **20 世紀後半の記録と 21 世紀中の温暖化の予測**[1] 1986～2005 年を基準とした世界地上気温の予測.温暖化対策を十分に行った場合(下方).温暖化対策をしない場合(上方).

人口と温室効果ガス排出量が増加し続ける社会(放射強制力が今世紀末に 8.5 W m^{-2},現在の約 3 倍)では 21 世紀末で 4 ℃ の上昇,十分に対策がとられた場合(放射強制力が今世紀末に 2.6 W m^{-2},ほぼ現在値をキープ),約 1 ℃ の上昇を予測している.なお,現在の温室効果ガスによる放射強制力は 2.83 W m^{-2} と評価されている(図 3・9 参照).温室効果ガスの濃度の現状を保てたとしても,海洋が遅れて暖まることなどから温暖化が若干進むことが見込まれている.

3・5・2 対策,省エネルギーの重要性

温暖化対策を十分に行った場合の想定が最も望ましいが,以上述べてきたのは現状の化石燃料排出がピークで,2100 年に向かって抑えて行こうとするシナリオである.すなわち,クリーンで省資源の技術が導入され,環境の保全と経済の発展は

地球規模で両立されることを想定している．エネルギーは石油・石炭から，天然ガス，太陽光，風力，バイオマスなどにシフトしていき CO_2 を 1900 年前後の排出量に抑える．投資先を省エネ，リサイクル，教育，福祉に集中し，経済構造はサービスおよび情報経済に向かって急速に変化させる．成功すれば 2100 年では二酸化炭素は現在とほぼ同程度と見込まれている．それでも 1 ℃ 近い温度上昇，海面は約 40 cm の上昇，異常気象の影響などを覚悟しなければならない．温暖化対策をしないシナリオでは 4 ℃ 近い温度上昇，海面 75 cm の上昇が予想されている．温暖化による困難をなるべく低く抑える方向を選択すること，CO_2 をあまり排出しない方向が，子孫に対するわれわれの責任である．

さて，図 3・16 に示すように，世界全体の二酸化炭素排出量の 3.6% が日本からのものである．最大は中国で 28.3% ついで米国の 15.8% である．1 人あたりでは，

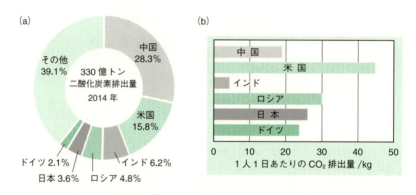

図 3・16 世界の二酸化炭素（CO_2）の排出量（2014 年）[6]　(a) 世界で排出された二酸化炭素 330 億トンの国別割合，(b) 国別の 1 人 1 日あたりの排出量

米国人は 45 kg/日で日本人の 26 kg/日の約 2 倍である．これは環境先進国のドイツと同程度の排出量ではある．両国ではエネルギー効率のよい社会が築けており，省エネ技術が進んでいることを示している．省エネ技術の発展，エネルギー源の転換，そしてそれらを大切に使うことは今後ますます重要である．この方向を進め，環境に対する高いモラル，環境技術，省エネ技術の発信国になろう．

京都議定書からパリ協定へ

　京都議定書（Kyoto Protocol）は，1997年12月に京都市で開かれた気候変動枠組条約締約国会議（Conference of the Parties）第3回会議（COP 3）で採択された．1990年を基準とし，温室効果ガスを先進国全体で5.2%を減らすことが目標であった．温暖化対策で世界が合意したことの意義は大きかったが，しかし，大量排出国の米国が離脱，中国不参加で気候変動の解決には実効性のない状態であった．

　仕切り直しの国際協定がパリ協定として，2015年12月，フランスのパリで開催されていた国連会議COP 21にて採択された．産業革命前からの地球平均気温上昇を1.5〜2℃未満に抑制するため，今世紀後半に（つまり，早ければ2050年頃に）世界の温室効果ガス排出量を実質ゼロにすることをめざす．各国がそれぞれに目標を立て（プレッジ），状況報告レビューを受ける．5年ごとに目標を更新することになった．世界の温室効果ガス55%以上を占める55カ国以上が締結（批准・受諾・承認），2016年11月4日に発効した．日本は2013年比で2030年には26%削減をめざすことになっている．

　なおCOPは，1995年の第1回（COP 1）以来，毎年開催され，2017年11月には第23回が開催された．

演 習 問 題

3・1　二酸化炭素は分子振動として振動数 667 cm^{-1} をもつ．この1 mol あたりのエネルギーはいくらか？

3・2　二酸化炭素の振動モード3（反対称伸縮振動，$\tilde{\nu}_3$ 2349 cm^{-1}）に相当する赤外線の波長を求めよ．この振動は赤外線を吸収するかどうか判断せよ．

3・3　C−C結合解離エネルギー 351 kJ mol^{-1} は UV-A の光に相当することを示せ．

3・4　(3・6)式（p.66）を用いて，大気の温暖化効果がない場合の地球の温度 $T=255$ K を求めよ．

3・5　プランクの放射スペクトル分布の式（(3・5)式，p.64）が提案された経緯を調べよ．

3・6　1人1日 10,000 kJ のエネルギーをグルコースの酸化で得るとした場合，人が発する二酸化炭素の量は1日何kgか．ただし，

$$C_6H_{12}O_6 + 6\,O_2 \longrightarrow 6\,CO_2 + 6\,H_2O$$

の反応で，2880 kJ mol^{-1} のエネルギーを得るものとする．

3・7　半減期（T）と寿命（τ）の関係は $T=0.693\,\tau$ であることを示せ．

参 考 文 献

1) IPCC 第5次評価報告書 http://www.env.go.jp/earth/ipcc/5th/（環境省），http://www.data.jma.go.jp/cpdinfo/ipcc/ar5/ipcc_ar5_wg1_spm_jpn.pdf（気象庁），2013〜2016年の平均気温 http://www.data.jma.go.jp/cpdinfo/temp/an_wld.html（気象庁）．
2) §3・2の物理化学の記述："マッカーリ・サイモン 物理化学 ── 分子論的アプローチ（上・下）"，千原秀昭，江口太郎，齋藤一弥 訳，東京化学同人（1999，2000）；"アトキンス 物理化学 第10版（上・下）"，中野元祐，上田貴洋，奥村光隆，北河康隆 訳，東京化学同人（2017）．
3) GWP評価の表 http://www.jma.go.jp/jma/
http://www.jccca.org/faq/faq04_05.html
4) "地球温暖化（Newton別冊）"，ニュートンプレス（2008）を改変．
5) マウナロアの二酸化炭素: Trends in Atmospheric Carbon Dioxide Mauna Loa, Hawaii
https://www.esrl.noaa.gov/gmd/ccgg/trends/index.html
"二酸化炭素濃度の経年変化"（気象庁）
http://ds.data.jma.go.jp/ghg/kanshi/ghgp/co2_trend.html
6) "EDMC/エネルギー・経済統計要覧2017年版"，（一財）省エネルギーセンター（2017）．

[そのほかの参考書]
- "地球温暖化との闘い"，ジェイムズ・ハンセン著，枝廣淳子 監修，中小路佳代子 訳，日経BP社（2012）．
- "6度目の大絶滅"，エリザベス・コルバート著，鍛原多惠子訳，NHK出版（2015）．
- "地球を「売り物」にする人たち ── 異常気象がもたらす不都合な「現実」"，マッケンジー・ファンク著，柴田裕之訳，ダイヤモンド社（2016）．
- 地球温暖化に対する懐疑論，https://ja.wikipedia.org/wiki/

オゾン層を護ろう

> 4・1 オゾン層のはたらき
> 4・2 紫外線とオゾン層
> 4・3 オゾン層破壊の化学反応

　人間活動による化学物質の大気中への放出により，オゾン層破壊が進行中である．気象庁によると，地球のオゾン全量は 1970 年代と比べ，2010 年代では 3〜4% 減少している．また，南極では極端にオゾンの少ないオゾンホールが出現する時期が数カ月続く事態となった．これらのわれわれの生活への影響はどのようなものであろうか．フロンやハロンとよばれる化合物から生成する，塩素原子や臭素原子の濃度が成層圏中で増えている．これが原因で成層圏オゾン層は減少することが科学的に証明されている．その化学反応機構を理解することでオゾン層破壊物質の生産と使用が禁止された結果，2000 年以降ではわずかながらオゾン全量増加がみられるようになった．グリーンケミストリーが人類のために役立っている一例である．

4・1　オゾン層のはたらき

　全世界で 1 年間に使用する化石燃料総量は石油換算で 133 億トンであるが，地球に降り注ぐ太陽からのエネルギーはその約 1 万倍相当もあり，全地球的な気候・大気環境はこの太陽光に支配されている．成層圏**オゾン層**（ozone layer）もこの太陽光のたまものである．太陽光紫外線による空気中の酸素の光化学反応が，オゾンをつくり出している．その化学反応は，まず酸素分子 O_2 が太陽光の紫外線・可視光・赤外線のうち紫外線を吸収して 2 個の酸素原子 O に分解する．この酸素原子が酸素分子と衝突して**オゾン**（ozone）O_3 ができる．これが成層圏に滞留することで成層圏オゾン層が形成される．

$$O_2 + 紫外線 \longrightarrow 2\,O$$
$$O + O_2 \longrightarrow O_3$$

　以下，酸素分子のことを酸素と記す．この大気中の酸素は地球が誕生したときから存在したのではない．はじめは大気中の水や二酸化炭素の光分解によりつくられ

ていたが，その量は現在の大気中酸素濃度の10億分の1程度に過ぎなかった．現在の地球大気に存在する酸素は，およそ30億年ほど前から地球に降り注ぐ太陽光を利用する**光合成**により，水と二酸化炭素から発生した．

$$\text{水} + \text{二酸化炭素} + \text{光} \longrightarrow \text{酸素} + \text{炭水化物}$$

はじめ光合成は水中で行われた．それは，水が太陽光紫外線を吸収し，光合成を行う生物を紫外線から守る役割をしたからである．なぜなら，生物細胞のDNAは紫外線を浴びると損傷を受け，細胞が死滅するからである．われわれが海水浴で強い紫外線を浴び，皮膚が焼けると皮膚細胞が剥がれてくるのはこの身近な例である．この光合成により大気中の酸素濃度はしだいに増加して，6億年前には2％程度になった．酸素濃度の増大の結果，エネルギー取得の手段として発酵ではなく呼吸を行う生物が現れ，光合成により地上の酸素濃度が急激に増えてきた．すると成層圏には太陽光による光化学反応によりオゾン層が徐々にでき始めた．このオゾン層は太陽光に含まれる300 nmより短波長の紫外線を吸収したので，生物に有害な紫外線が地表に届かなくなり，生物は陸上に進出できるようになった．

その後，シダ植物などの爆発的増殖により酸素濃度が急激に増加し，現在とほぼ同じ厚さのオゾン層が成層圏に形成された．オゾン層形成が地上生物にとって適切な環境を保ち，多くの生物が陸上で生活できる条件が整ったのである．こうして地上に生物が続々と現れてきて進化が促進され，生命と地球はバランスの良い環境を数十億年もの長い歳月をかけてつくり上げてきた．現在の地球大気の約5分の1は酸素であり，地上から観測される大気のオゾン濃度は約300ドブソン単位（Dobson Unit）＊である．生命が存在しない金星や火星では，現在でもその大気は原始地球と同じく二酸化炭素が主成分である．

ところが，人類の活動によりさまざまな物質が自然環境に放出された結果，この微妙なバランスを保ってきた地球に変化が起こり始めている．化石燃料を消費することにより，大気中の二酸化炭素，窒素酸化物，硫黄酸化物，メタンなどは産業革命以来増大している．近年になって，フロンやハロンなどの塩素原子・臭素原子を含む化合物も大気に放出されて大気化学反応をひき起こしたことで成層圏オゾン層が減少し，太陽から地表へ注ぐ紫外線が増大している．また，二酸化炭素，メタン，フロンなどの温室効果ガスが地球の温暖化をひき起こしている（第3章参照）．

紫外線（ultraviolet radiation, UV）は，生物への生理作用の違いに基づき，波長域UV-A（315～400 nm），UV-B（280～315 nm），UV-C（100～280 nm）に区分

＊　ドブソン単位（DU）とは，2.7×10^{16} molecule cm^{-3} に相当し，気体標準状態（1気圧，0℃）で1/100 mmの厚みと同等の気体濃度をさす．つまり300 DUのオゾン層の厚みは地表にもってくると約3 mmのごく薄い層である．

されている.生体に有害なのは UV-A と UV-B である.UV-C は地上に到達する前にオゾン層によりすべて吸収されてしまうので影響はない.いま,オゾン層のオゾンが1%減少すると,地上での UV-B 強度はほぼ2%増加する.このことにより4%程度の皮膚がん発生率増加をもたらすと推定されている.すると3%のオゾン層減少は,12%もの増加をもたらすことになる.地上に届く紫外線の90%は UV-Aで,皮膚の真皮まで達するので,長時間浴びないよう注意すべきである[1].また高齢化社会においては,生涯で暴露される紫外線総量が増すとともに,眼の水晶体の混濁(白内障)が増加する.この眼への影響は数十年たたないと顕著に出てこないので,若いときから紫外線暴露に注意していなければならない.

はじめに述べたように地上に注がれる太陽エネルギー総量は,他のエネルギー源と比べ圧倒的に大きい.オゾン層が薄くなって太陽エネルギー流入量がほんの少しでも変化すると,気候変動などにより森林・植物プランクトンなどを含むすべての生態系に重大な変化がもたらされる.成層圏(p.8の図1・1を参照)では日射中の紫外線をオゾン層が吸収して温度が上昇し,大気が循環している.この大気循環は対流圏と相互作用し,気候の分布と変動に影響を及ぼしている.実際に最近のオゾン層減少により,高度15〜35 km の成層圏下部では20年間で約1℃の温度低下が観測されている.極域成層圏ではもっと大きく温度が6℃低下した.オゾン層がさらに薄くなれば対流圏への熱的・力学的な影響が大きく変化し,気候の大きな変動をひき起こす懸念がある.

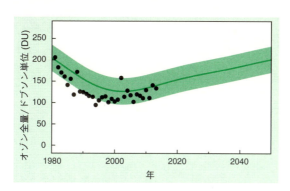

図4・1 10月の南極春季における上空オゾン全量[2] 黒丸は実測値,
　　　　はいろいろなオゾン層減少予測モデル計算値の範囲を示す.

成層圏オゾンについては,1980年代に南極域上空のオゾン濃度が春先に極端に減少する**オゾンホール**(ozone hole)が発見された(口絵2参照).1980年から2000年まではオゾンホールの規模が拡大し,1〜2カ月連続して発生する事態と

なった．このため南極上空のオゾンの総量は年々減少している．この様子を図4・1に示す．南極域の春先である10月において，過去の平均では300ドブソン単位（DU）あったオゾン濃度全濃度が，現在100 DUにまで減少してきた．このことは，1974年に反応化学の研究を専門とするモリーナ（M. Molina）とローランド（S. Rowland）によって予言されたとおり，地上から成層圏まで上昇していったフロンやハロンに含まれる塩素原子や臭素原子がひき起こしているのである．

このオゾン層破壊を阻止するため，フロンやハロンなどの成層圏オゾン層を破壊する原因物質の製造禁止が国際的に合意された．これが1987年に採択された**モントリオール議定書**である．この議定書で決められた削減予定を前倒しして各国がオゾン層破壊物質*であるフロン類の製造を禁止した結果，それらの減少効果は1990年代後半になってみられた．しかし，図4・1に示すモデル計算が予測しているオゾン層の回復は，21世紀半ばである．このように基礎的な化学反応に基づいたオゾン層破壊の警告は人々の将来にとって大変重要な功績であり，モリーナ，ローラ

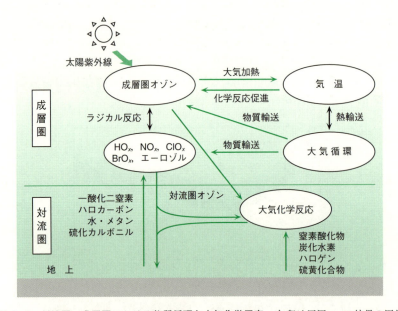

図4・2 対流圏・成層圏における物質循環と大気化学反応 矢印は原因 ⟶ 結果の因果関係を示す．たとえば，成層圏では太陽光を大気中のオゾンが吸収するので大気の加熱が起こり，その結果大気反応を促進する．⟷ は相互関係のあることを示す．表1・2参照．

＊ 物質の具体例は，クロロフルオロカーボン（CFCs），四塩化炭素，ハロンなどであり表4・1 (p.93) にも示す．

ンドは気象学者クルッツェン (P. Crutzen) とともに, 1995 年のノーベル化学賞を受賞した. 環境保全への貢献でノーベル化学賞を受賞したのはこのときが初めてであった. その後, 2007 年には IPCC (気候変動に関する政府間パネル, p.57 参照) とゴア (Al Gore) が地球温暖化に関してのノーベル平和賞を受賞した.

さて, オゾン層回復を予測するためには, 図 4・2 に示すように成層圏オゾン破壊をひき起こす大気化学反応機構だけでなく, 温室効果ガスによる気温変化や, 成層圏と対流圏の間の物質輸送また大気の循環を考慮しなければならない. なぜならオゾン層を破壊する大気中での化学反応の速さは, そのまわりの気温と反応物質濃度によって速くなったり遅くなったりするからである. この章では, 地球環境問題解決方法を探るにあたって必要な大気中の化学反応について述べる.

4・2 紫外線とオゾン層

成層圏オゾンの生成と消滅過程について, 1930 年代にチャップマン (S. Chapman) が, 大気中の酸素の太陽光による分解反応から始まる大気反応機構を提案した.

酸素の光分解による酸素原子生成 (J_1 は光分解速度定数)

$$O_2 + 太陽光紫外線 (240\,nm より短波長) \xrightarrow{J_1} 2O \quad (4・1)$$

酸素原子と酸素によるオゾン生成 (k_2 は反応速度定数)

$$O + O_2 + M \xrightarrow{k_2} O_3 + M \quad (4・2)$$

オゾンの光分解反応による消滅反応 (J_3 は光分解速度定数)

$$O_3 + 太陽光紫外線 (340\,nm より短波長) \xrightarrow{J_3} O + O_2 \quad (4・3)$$

オゾンの酸素原子による消滅反応 (k_4 は反応速度定数)

$$O + O_3 \xrightarrow{k_4} 2O_2 \quad (4・4)$$

ここで反応式(4・2)に M と記してあるのは大気中の窒素や酸素であり, これらの分子との衝突によりオゾン生成反応が促進される. つまり気圧が高いほど (4・2)式のオゾン生成が促進される. 反応式(4・1)〜(4・4)で示される簡単な反応機構に基づいて, なぜ成層圏にオゾン層が存在しうるのか考えてみる.

太陽光スペクトルは, 大気圏外において観測すると波長 200 nm 以下の短波長域にも分布している. しかし, 太陽からの光が地上に到達するまでに, 反応式(4・1)と (4・3) にみられるように, 成層圏の酸素とオゾンにより太陽光紫外線が吸収される. そのために太陽光紫外線強度は, 地上に近づくにつれ徐々に減少する. つま

り図4・3に示すように,大気中の酸素による光吸収のため高度50 kmで観測すると波長250 nm以下の成分はほとんどなくなる.太陽光中の波長210〜240 nmの紫外線は高度50 kmでも少し残っているが,地上では完全に消滅する.つまり光分

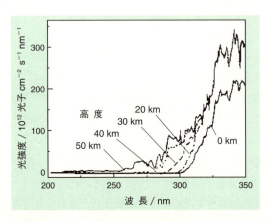

図 4・3 太陽光スペクトル(波長分布)の高度変化 高度が下がるとともに300 nmより短強度の紫外線強度が減衰してくるのは,成層圏オゾン層による太陽紫外線吸収のためである.

解反応式(4・1)の酸素原子生成を促進する定数J_1は,高度が下がるとともに減少してくる.一方,この傾向とは逆に大気圧と酸素濃度は高度が下がるとともに増加するから,それに伴い反応(4・1)や(4・2)を促進する酸素濃度[O_2]や大気濃度[M]は増加してくることになる.したがって,単純に考えるとオゾン濃度の高度分布は,高度とともに増加する曲線と減少する曲線の掛け算で表される.つまり,オゾン濃度は高度とともに増加し,中間あたりの成層圏高度でその濃度は最大となる.オゾン濃度が最大となる領域はオゾンの高度分布として高度幅20 kmの層を成しているので**オゾン層**とよばれる.反応式(4・1)〜(4・4)をすべて取入れた結果,ある高度におけるオゾンの濃度[O_3]は次式で表される.

$$[O_3] = \sqrt{\frac{J_1 k_2 [M]}{J_3 k_4}} [O_2] \qquad (4・5)$$

ここで[M]は高度に依存する空気濃度である.k_2とk_4はそれぞれ反応式(4・2),(4・4)の速度定数を示す.またJ_1とJ_3は反応式(4・1)と(4・3)における光分解速度定数であり,これらは太陽紫外線強度に比例するので高度に依存する.(4・5)式右辺の[O_2]はその高度における大気中の酸素濃度を表す.k_2とk_4の数値,J_1とJ_3ならびに[O_2]の高度分布は,米国航空宇宙局ジェット推進研究所(NASA/

JPL) のデータ集に載っている*. それらの数値を (4・5)式に入れると図4・4の計算値のようになり，この結果によるとオゾン層は高度15〜35 kmに現れる．実際のオゾン層の昼間の濃度分布の様子を大まかに再現している．

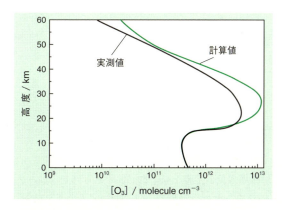

図4・4 オゾン濃度の計算値と実測値 実測値が低く出ているのは，反応式(4・1)〜(4・4) の純酸素平衡モデル以外に，成層圏ではオゾンが消滅するラジカル連鎖反応(4・9)〜(4・25) および大気輸送による減少が存在するからである．ラジカル連鎖反応(4・9)〜(4・25) および輸送過程を含めた計算値のグラフは実測値とほぼ同じである．横軸の濃度表示は対数であることに注意．

オゾンが反応式(4・3) に従って太陽光紫外線を吸収し光分解するということは，オゾンによって太陽光エネルギーが吸収され，その場所での大気中の分子・原子の運動エネルギーに変換されることである．そのため図1・1に示すように，成層圏の温度はオゾン層のある高度あたりで上昇している．上空に行くほど温度が上昇するので，大気は対流を起こさず層を成すから，この領域は"成層"圏とよばれる．一方，地上から高度10 kmまでの対流圏では，空気の断熱膨張により上空に行くほど温度が下がる．このため地表で暖められた気体は上昇するとともに密度が増して重くなり，ついには下に降りるという気体循環をするので"対流"圏とよばれる．この二つの大気圏の間には対流圏界面という境界があり，成層圏と対流圏間の物質循環は起こらないだろうと考えられていた．しかし，実際は対流圏にある大気微量成分は，5〜10年で成層圏にまで拡散して光化学反応をひき起こす．このことがフロンによる成層圏オゾン層破壊に直接関係してくる．

---

* 反応速度定数・大気成分高度分布・太陽光スペクトルの高度変化のデータベース: http://jpldataeval.jpl.nasa.gov

では，成層圏で生成したオゾンそれ自身は，拡散や，大気輸送により薄まっていかないのであろうか．オゾンは太陽紫外光が強い赤道域の成層圏で最も多く生産される．成層圏下部にあるオゾンは，赤道付近で上昇して高緯度へ向かう大気循環に乗って移動し，両極で対流圏に下降する．成層圏上中部では，夏半球で上昇し冬半球で下降する大気循環に乗って，オゾンが移動する．このため対流圏オゾン濃度は赤道付近で薄くなり，北極・南極付近では高くなる．しかし，成層圏オゾン層は，高度20～40 km にいつも存在している．この原因は，この高度域で絶えず反応式(4・1)～(4・4) の光化学反応が起こり，あとからあとからオゾンが生成してくるからである．

4・3 オゾン層破壊の化学反応
4・3・1 フロンとオゾン層

上記のオゾン層破壊現象の主要な原因物質と考えられているのが，フロンとよばれる物質である．**フロン**とは塩素原子，フッ素原子そして炭素原子から成る化合物（クロロフルオロカーボン）の総称としてわが国でのみ使用されている通称名であり，一般的にはハロゲン原子を含む炭化物を**ハロカーボン**（halocarbon）と称される．これらフロンはおもに CFC-11（$CFCl_3$），CFC-12（CF_2Cl_2），CFC-113（$C_2F_3Cl_3$）であり，表4・1にそれらの化学式を示す．不燃・安定なので安全な"夢の化合物"として噴射剤，冷媒，洗浄剤に広く使われていた．安定である理由は，Cl 原子や F 原子の電気陰性度が大きいので，炭素原子との C-X 化学結合力（X = Cl, F）が通常の炭化水素化合物の C-H 結合力と比べて非常に強い．そのため他の分子や**ラジカル**（§1・3・1参照）との反応速度が非常に遅く，一般的な化学反応の時間スケールでは反応しない化合物だからである．

この化学的に安定な化合物であるフロンは，スプレー用噴射剤・冷蔵庫用冷媒・電子部品洗浄剤・工業用溶剤・ウレタンフォーム用発泡剤として全世界的に使用され，年間合計100万トン（わが国ではその10%）生産されていた*．われわれの身のまわりでは，冷蔵庫やエアコン・自動車座席マット・ウレタン包装材・畳・ドラ

---

* CFC-11, 12, 113 の生産量は1988～89年に最大となり，それぞれ年間30～40万トンに達した．モントリオール議定書（1987年）をさらに進めたコペンハーゲン改正（1992年）で，国際的な取決めとして1996年より生産および使用が全面的に禁止された．それに代わる代替フロンである HCFC-22, HFC-134a は，現在それぞれ年間20万トン規模で生産されている．キガリ改正（2016年）により先進国の HFC の生産および消費量を2036年までに85%削減することになった．詳しいデータは https://agage.mit.edu/data/agage-data に載っている．

ヒドロキシルラジカル

ヒドロキシルラジカル（・OH）は対流圏大気中の水素を含む分子（メタン，イソプレンなど），二酸化窒素，一酸化炭素などの大気中での酸化反応を促進し大気中から除去するので，これら大気微量成分の大気中での寿命（滞留時間）を決めている．つまり，・OHラジカル濃度が高ければ酸化反応が促進されるため，メタンなど大気微量成分の寿命は短くなる．このように・OHラジカルは反応活性が高いため，大気中の定常濃度［・OH］は 10^6 molecule cm^{-3} と低い．

大気中でメタンとヒドロキシルラジカルの反応でメタンが消滅する速度は，

$$-\frac{d[CH_4]}{dt} = k[\cdot OH][CH_4]$$

の二次反応速度式で与えられる．k の単位は cm^3 molecule^{-1} s^{-1} である．［・OH］はほぼ一定なので，$k[\cdot OH]$ は定数とみなすことができる．そこで $k' = k[\cdot OH]$ と書き換えると（k' の単位は，s^{-1} であることに注意）

$$-\frac{d[CH_4]}{dt} = k'[CH_4]$$

となり，一次反応の速度式となる．したがって，CH$_4$ の寿命は $1/k[\cdot OH]$ で与えられる（p.69のコラム参照）．このような反応速度定数をNASA/JPLデータ集で調べると，おおよその寿命を推定できる．（演習問題4・2ならびに§1・3・1参照）

イクリーニング洗浄液などに広く使われていた．これら人為的に対流圏に放出されたフロンは，その化学的安定性のゆえに，対流圏中でのヒドロキシルラジカル（コラム"ヒドロキシルラジカル"参照）との大気化学反応は起こらない．したがって大気に放出されたCFCが対流圏に存在する寿命は50〜100年と長い．

このように大気に放出されたフロンのほとんどは，そのまま拡散によって対流圏中に上昇していったのである．現在ではフロンの対流圏における混合比（塩素原子相当量）は3 ppbv に達している＊．大気中のハロゲン混合比は1995年をピークとしてそれ以後少しずつ下がり気味である．これらの化合物は対流圏から高度20 km の成層圏まで数年のうちに到達し，成層圏の酸素分子とオゾン分子の光吸収が弱い"窓領域"とよばれる紫外波長領域（185〜210 nm）で光分解される．こうした光

＊ 混合比は大気中の濃度であり，1 ppmv＝10^{-6}，1 ppbv＝10^{-9}，1 pptv＝10^{-12} とは，それぞれこの割合の体積比で大気中に化合物が存在することを示している．

分解によって塩素原子が成層圏大気中に放出されるのである．

フロン ＋ 紫外線（波長 185〜210 nm より短波長） ⟶ 塩素原子

その後はあとに述べる ClO_x サイクルのラジカル連鎖反応により，オゾン破壊反応が始まる．図4・1にみられるように，オゾン層破壊が進行していく時間のスケールは数十年であるため，われわれにはその影響はすぐには実感しにくい．また，オゾン層回復も同じく数十年の時間スケールであるため，その対策は十分に早くから行わなければならない．このためグリーンケミストリーに基づいた代替化合物の製造や開発研究が必要である．

4・3・2 ラジカル連鎖反応によるオゾン層破壊

図4・4にはオゾン濃度のモデル計算の結果とともに典型的な実測濃度も示してある[2]．図中の実測濃度は（4・1）〜（4・4）式に示す反応機構によるモデル計算値と比べて低い．その原因は反応(4・3)，（4・4）以外にも，大気中にはオゾンを消滅させる化学反応が存在するからである．大気化学反応を実験室で再現したところ，成層圏ではヒドロキシルラジカル（・OH），一酸化窒素（NO），ハロゲン原子（Cl, Br）によるオゾンの消滅反応が起こっていることがわかった．・OH, NO, Cl, Br はメタン（CH_4），水（H_2O），一酸化二窒素（N_2O），ハロカーボン（フロン，CH_3Cl, CH_3Br）の光分解や反応によって生成する．

もともと成層圏には発生源が存在しないはずのこれらの化学種が，どのようにして成層圏まで上昇するのであろうか．気象学者クルッツェンらは，対流圏の大気微量成分が成層圏に上昇し，そこで太陽光紫外線による光分解とそれにひき続く大気反応によって，これらの原子・ラジカルが生成することを示した．その大気化学反応の中身は，図4・2に示した光分解とラジカル反応の組合わせである．

対流圏から成層圏へ上昇したメタン（CH_4），水（H_2O），一酸化二窒素（N_2O），ハロカーボン（フロン，CH_3Cl, CH_3Br）は $HO_x\cdot$, $NO_x\cdot$, $ClO_x\cdot$, $BrO_x\cdot$* と記されるラジカルや分子を成層圏において生成し，これらのラジカルが以下に述べるラジカル連鎖反応によりオゾン濃度を減少させる．

対流圏から成層圏へ上昇していく化合物には特徴がある．これらは地上で発生し，まず対流圏へ移行するが，対流圏においては短期間で消滅しない寿命の長い化合物である．なぜなら対流圏では・OH による酸化反応の反応速度が非常に遅く，これらの化合物の濃度はほとんど変化せず，また地上に到達する 300 nm より長波長の太陽光線では，これらの化合物は光分解反応しないからである．

---

* $HO_x\cdot$, $NO_x\cdot$, $ClO_x\cdot$, $BrO_x\cdot$ は $x=1$ または 2 のラジカルや分子を意味する．たとえば，NO_x は NO と NO_2 をさす．

4・3 オゾン層破壊の化学反応

これらの化合物は対流圏から成層圏へ上昇するにつれ,太陽光紫外線により光分解を起こしラジカルを生成する.または,オゾンの光分解により生成してくる反応活性が高い電子励起状態の酸素原子 $O(^1D)^*$ と反応してラジカルを生成する.しかし,これら化合物はもともと大気中の濃度としてはごく微量だから,それから生成するラジカルもごく微量に過ぎない.実際,成層圏でのラジカル濃度は 10^6 molecule cm^{-3} 程度であり,オゾン濃度の 10^{-6},酸素濃度の 10^{-11} 程度の量でしかない.ではなぜこのようなごく微量しかないラジカルが,成層圏オゾン濃度を数分の1にも下げるのであろうか.

このことを説明するのがラジカル連鎖反応によるオゾン消滅過程である.ラジカル連鎖反応では,同じラジカル X・ が何万回も連鎖的に反応をひき起こし,かつ,その反応の活性化エネルギーが低いため反応速度は大きい.つまり成層圏におけるラジカル濃度がきわめて低くても実効的には高い濃度にあるかのごとく触媒的にふるまい,結果的にオゾン濃度を引き下げるのである.

オゾン消費	X・ + O_3 ⟶ XO・ + O_2	(4・6)
X・ラジカルの再生反応	XO・ + O ⟶ X・ + O_2	(4・7)
上式辺々加えた正味反応	O_3 + O ⟶ 2O_2	(4・8)

成層圏には先に述べたように,反応式(4・1)の酸素分子の太陽光光分解で生成した酸素原子 O が存在している.この酸素原子は本来は反応式(4・2)でオゾン生成に至るものだが,ここではラジカル X・ の再生に使用される.ここで"正味"反応(4・8)とは,二つの反応(4・6),(4・7)の各辺を加えたものであり,反応の最終結果を示すものである.正味反応では X・ と XO・ が両辺から消え去り,あたかも O_3 が O 原子と反応しているかのように書けるが,それは単なる化学量論式であり,実際には反応(4・6),(4・7)が起こっている.このとき,反応全体の速さを実際に決めているいちばん遅い反応段階(**反応律速段階**)は,XO・ と O の反応である.オゾンを消費する反応(4・8)では X・ が触媒としてはたらき,自分自身を消費することなく反応全体の活性化エネルギーを下げる役割をし,反応全体を促進する.

成層圏のラジカル連鎖反応には以下に示す HO$_x$・,NO$_x$・,ClO$_x$・,BrO$_x$・サイクルがあり,それぞれ X・ に相当するものは ・OH,NO,Cl,Br である.たとえば ClO$_x$ サイクルにおいては,成層圏で一つの Cl 原子が生成されると,Cl 原子がここでは示されていない消滅反応で消え去るまでに ClO$_x$ サイクルが約1万回まわり,約1万個ものオゾンが破壊される.

---

* $O(^1D)$ とは酸素原子が電子励起した状態を示す分光学の記号である.この状態は化学反応性が高い.基底状態の酸素原子は $O(^3P)$ と記す.

● HO_x サイクル

[ケース1]

$$\cdot OH + O_3 \longrightarrow HO_2\cdot + O_2 \qquad (4\cdot 9)$$

$$HO_2\cdot + O \longrightarrow \cdot OH + O_2 \qquad (4\cdot 10)$$

正味反応: $\quad O_3 + O \longrightarrow 2\,O_2 \qquad (4\cdot 11)$

[ケース2]

$$\cdot OH + O_3 \longrightarrow HO_2\cdot + O_2 \qquad (4\cdot 12)$$

$$HO_2\cdot + O_3 \longrightarrow \cdot OH + 2\,O_2 \qquad (4\cdot 13)$$

正味反応: $\quad 2\,O_3 \longrightarrow 3\,O_2 \qquad (4\cdot 14)$

成層圏における・OH源は,O_3の光分解で生成する反応活性が高い酸素原子$O(^1D)$と対流圏から上昇してきた水蒸気,ならびに人為起源と湿地などで自然発生したメタンによる以下の反応である.

$$H_2O + O(^1D) \longrightarrow 2\cdot OH \qquad (4\cdot 15)$$

$$CH_4 + O(^1D) \longrightarrow \cdot OH + \cdot CH_3 \qquad (4\cdot 16)$$

● NO_x サイクル

$$NO + O_3 \longrightarrow NO_2 + O_2 \qquad (4\cdot 17)$$

$$NO_2 + O \longrightarrow NO + O_2 \qquad (4\cdot 18)$$

正味反応: $\quad O_3 + O \longrightarrow 2\,O_2 \qquad (4\cdot 19)$

NO源は水中・土壌中の硝化作用により発生したN_2Oと$O(^1D)$の反応である.

$$N_2O + O(^1D) \longrightarrow 2\,NO \qquad (4\cdot 20)$$

● ClO_x サイクル

$$Cl + O_3 \longrightarrow ClO\cdot + O_2 \qquad (4\cdot 21)$$

$$ClO\cdot + O \longrightarrow Cl + O_2 \qquad (4\cdot 22)$$

正味反応: $\quad O_3 + O \longrightarrow 2\,O_2 \qquad (4\cdot 23)$

Cl源は人為起源の各種フロンが80%,自然のバイオマス燃焼によるCH_3Clや火山活動によるHClが20%を占める.

$$CH_3Cl + \cdot OH \longrightarrow CH_2Cl + H_2O \longrightarrow \longrightarrow Cl \qquad (4\cdot 24)$$

$$CH_3Cl + 光 \longrightarrow CH_3 + Cl \qquad (4\cdot 25)$$

ここで,二重矢印$\longrightarrow\longrightarrow$は,反応が何段階か進みその結果Cl原子が生成してくることを示す.大気中ではBrO_xサイクルもClO_xサイクルと同じくらいの速さで起こる.このBr源は海洋からの自然発生に加え,消火剤ハロン,農作物害虫駆除剤CH_3Brの光分解である.

これらラジカル濃度の高度分布はその種類によって異なる.このことを考慮するとオゾン濃度を下げるのに最も寄与しているのはNO_xサイクルであり,ラジカル連鎖反応によるオゾン消滅反応全体の3分の1を占める.ClO_xサイクルとHO_xサ

イクルの寄与はほぼ同じで全体の4分の1となる．BrO_xサイクルは高度20 km付近でのみ寄与している．これらのオゾン消滅反応を考慮して計算した結果は図4・4に示した実測値とよく一致する．

4・3・3 オゾン層破壊係数

ハロカーボン化合物のオゾン層破壊の強さを表す係数を**オゾン層破壊係数**（ozone depletion potential，**ODP**）という．オゾン層破壊は，成層圏でのその化合物濃度とその分子内の塩素の数 n に依存する．成層圏における化合物濃度は，その源である対流圏での濃度に比例する．この対流圏濃度を決めているのは対流圏寿命 τ であり，これは大気中のヒドロキシルラジカル（・OH）との反応速度によって決まるものである．ハロカーボンの対流圏寿命をまとめて表4・1に示した．対流

表 4・1 ハロカーボンの対流圏大気寿命（滞留時間）τ，オゾン層破壊係数 ODP，地球温暖化係数 $GWP^{3)}$

化合物名（化学式）	寿命 τ / 年	ODP†	GWP†
CFC-11($CFCl_3$)	45.0	1.0	1
CFC-12(CF_2Cl_2)	100.0	1.0	2.2
CFC-113($C_2F_3Cl_3$)	85.0	0.8	1.2
HFC-23(CF_3H)	222.0	0	2.7
HFC-134a(CF_3CFH_2)	13.4	0	0.28
HCFC-22(CHF_2Cl)	11.9	0.055	0.38
HCFC-142b(CF_2ClCH_3)	17.2	0.065	0.42
二酸化炭素(CO_2)	—	—	0.0002

† ODPならびにGWPは，CFC-11をそれぞれ1とする相対値（100年間）．IPCC AR5値．

圏寿命が長い化合物は長期間にわたって濃度が高く保たれるため，オゾン層破壊に大きく寄与する．それを考慮するために，対流圏寿命 τ を含む項がODPの計算式に入っている．

また，ある化合物のODPはその化合物の成層圏における光化学反応の速さにも依存する．この反応の速さは化合物の紫外吸収スペクトルの形や，成層圏で起こる100以上に及ぶいろいろな化学反応過程に依存するため計算して推定することがむずかしく，実際の大気環境における実測に基づいて求める．その際には化合物Xの成層圏における混合比 μ_S と対流圏における混合比 μ_T の差 $\mu_S - \mu_T$ が大気中での反応性を表していると考える．ODPは単位質量（kg）あたりの数値と定義されるので，化合物Xの分子量 M_X にも依存する．一般にはCFC-11のODPを1とした相対値で表す．

今後の 100 年間について計算した ODP の 100 年値を表 4・1 (p.93) にまとめてある．CFC-11，CFC-12，CFC-113 はほぼ同じ ODP をもっている．そのほかのハロカーボンの ODP は小さく，これらはオゾン層破壊能力の小さいものであることがわかる．

4・3・4　フロンに代わる物質：代替フロン

表 4・1 をみると，**HFC**（hydrofluorocarbon，フッ化炭化水素）は分子内に塩素を含まないから ODP がゼロである．また，**HCFC**（hydrochlorofluorocarbon，フッ化塩化炭化水素）も ODP が非常に小さい．その理由は，図 4・5 に示すように分子内の水素原子と大気中のヒドロキシルラジカルとが反応し，最終的に水溶性物質

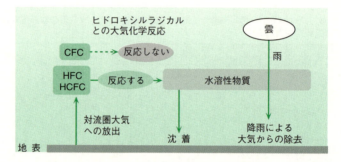

図 4・5　ハロカーボンの大気中での化学反応とその除去過程　CFC，HFC，HCFC は表 4・1 を参照．CFC は分子内に水素原子をもたず，一方，HFC，HCFC は水素原子をもつのでヒドロキシルラジカル（・OH）と反応して最終的には水溶性物質となる．

に変化して沈着・降雨により大気中からすみやかに除去されるからである．このことはオゾン層保護にとって良いことなので，これらの化合物はフロンに代わる化合物として代替フロンと称されている*．これら化合物の提案はオゾン層保護の点からいえばグリーンケミストリーの精神にかなうものといえる．これらの生産は 1992 年から始まり，生産前にはゼロであった大気中の混合比は，2012 年には HFC-134a が 70 ppt，HCFC-22 が 150 ppt に上昇した．

HFC や HCFC は ODP が小さいので地球環境にはやさしいと思われているが，表 4・1 の地球温暖化係数（GWP）は小さくない．なぜならハロカーボンは 7～

---

*　家電製品に表示されている"ノンフロン"とは，CFC や代替フロンを使用していない状態を示す．

13 μm の赤外光領域に吸収をもっているからである．この赤外波長域は二酸化炭素が光吸収しない波長域であるため，ハロカーボンの大気濃度が少しでも上昇すると，効果的に温室効果ガスとして作用する．表 4・1 の GWP 値は化合物の赤外吸収強度と対流圏での寿命で決まる温暖化影響の大きさを表す指数であり，CFC-11 を基準としているので見かけ上少ない数値になっている．また，大気中のハロカーボン濃度も二酸化炭素と比べ数十万分の 1 に過ぎない．したがってハロカーボンはほとんど地球温暖化に影響しないように思える．

ところが，二酸化炭素を基準とする CFC-11 の GWP 値は，100 年値で約 5000 である．同様に HCFC や HFC の GWP も相当に大きく，温室効果ガスとしてのハロカーボン全体の効果は二酸化炭素の 4 分の 1 もあると推定されている．したがって代替フロンである HCFC や HFC をこのまま使い続けると将来の地球温暖化に大きな影響を及ぼすことが明白である．また，HCFC の ODP はゼロではないからオゾン層破壊が進むことも明白である．そこで，HCFC は国際的な取決め（モントリオール議定書）により徐々に使用を削減し，先進国では 2020 年に全廃することが決められている．寿命の短い HFC やハロゲンを含まない他の化合物に置き換えられつつある．HFC についても地球温暖化物質として"京都議定書（1997 年）"と"パリ協定（2015 年）"で使用を抑えていくことが提案されている（p.79 参照）．今後は冷媒として二酸化炭素，アンモニア，プロパン，ブタンなど，エーロゾル噴射剤として液化天然ガス，二酸化炭素，窒素ガスなど，洗浄剤として水，高級アルコール，炭化水素，発泡剤としてシクロペンタンが徐々に用いられる．

4・3・5 オゾンホールと極域成層圏雲

オゾンホールとよばれている現象は南極圏・北極圏においてだけ観測される．オゾン層破壊がフロンによってひき起こされていることは反応式(4・21)〜(4・23)によりわかったが，フロンは対流圏では化学的に安定であるゆえ大気中に均一に分布しているはずである．南極圏・北極圏においてだけ極端にフロン濃度が高くなるとは思えない．またオゾンホールが春先にだけみられるのは不思議である．この謎を解くには極域成層圏大気中の直径 0.1〜1 μm 程度のエーロゾル表面における表面化学反応を考える必要がある．つまり，南極域・北極域オゾンホールの原因は，**極域成層圏雲**（polar stratospheric cloud，**PSC**）とよばれる氷粒子上の化学反応によって極域の冬の間つまり太陽光のない低温期間に塩素分子が成層圏に蓄積され，これが春先の太陽光により短期間に光分解した結果，成層圏の塩素原子濃度が急上昇することである．

成層圏には高度 15〜20 km を中心に硫酸液滴が多数浮かんでいる成層圏エーロ

ゾル層がある．これは，図4・2に示す対流圏から硫化カルボニル（COS）が上昇したり，火山活動による二酸化硫黄（SO_2）が直接成層圏に吹上がっていき，・OHの作用により酸化され水蒸気と結合してできたものである（§1・3・1参照）．人為的起源のSO_2は，対流圏で硫酸雨となって地表に降っているので成層圏まで上昇しない．南極圏・北極圏の冬の成層圏でエーロゾル量が急増するのは，-90 ℃近くにも達する低温のため，この微小エーロゾルを核として硝酸や水が凝結した微粒子（PSC）ができるからである．それにはPSC Ⅰ とPSC Ⅱ とがある．PSC Ⅰ は大きさが1 μm以下で，硝酸三水和物（NAT，$HNO_3 \cdot 3H_2O$）または，$HNO_3 \cdot H_2SO_4 \cdot H_2O$を主成分とする液滴エーロゾルである．PSC Ⅱ は大きさが1 μm以上で，NATを中心に氷が取巻いた水主成分の固体エーロゾルである．

さて，成層圏では図4・2に示すように窒素酸化物があるため，ClO_xラジカルはそれと反応し$ClONO_2$（硝酸塩素）を生成している．

$$ClO \cdot + NO_2 \longrightarrow ClONO_2 \qquad (4 \cdot 26)$$

この$ClONO_2$は成層圏で安定であり，光分解や反応を起こさず塩素原子を放出しないので，オゾン破壊ClO_xサイクルをひき起こさない．

通常，成層圏では塩素原子のかなりの部分がこの$ClONO_2$になっていてオゾン破壊が抑えられている．そこで$ClONO_2$を塩素の**リザーバー分子**とよんでいる．

ところがPSC Ⅰ やPSC Ⅱ のエーロゾル表面上では極域成層圏の低温下でも反応が起こり，$ClONO_2$はCl_2やHOClに変換される．Cl_2やHOClはエーロゾル表面から離れて大気中へ放出される．

$$ClONO_2(気) + HCl(固) \longrightarrow HNO_3(固) + Cl_2(気) \qquad (4 \cdot 27)$$
$$ClONO_2(気) + H_2O(固) \longrightarrow HNO_3(固) + HOCl(気) \qquad (4 \cdot 28)$$
$$HOCl(気) + HCl(固) \longrightarrow H_2O(固) + Cl_2(気) \qquad (4 \cdot 29)$$

以上の反応において，（気）は大気中の化学種を示し，（固）はエーロゾル表面上の化学種を示している．反応式(4・27)～(4・29)によって，本来オゾン破壊に寄与しない安定な$ClONO_2$が，容易に光分解して活性な塩素原子を放出できる塩素分子Cl_2に変換されてしまうことが，オゾンホールの原因である．このようにして，太陽の光の差さない極域の冬の期間に大気中に蓄積された塩素分子は，太陽光の差し込み始める春先の短時間に光分解して，活性な塩素原子を一時に大量に放出する．

$$Cl_2 + 紫外線 \longrightarrow 2Cl \qquad (4 \cdot 30)$$

そのため反応式(4・21)～(4・22)のClO_xラジカル連鎖反応が急激に起こる．(4・27), (4・28)式の反応はNO_xが大気中からエーロゾルに取込まれてしまう脱硝反

応なので大気中の NO_2 濃度が下がっている．化学反応の速さは濃度に比例するので反応(4・26)が遅くなり，一度生成された活性な $ClO\cdot$ は，安定なリザーバー分子 $ClONO_2$ にならないでオゾンを破壊し続ける．このために，オゾン層が南極では最大 70％ も薄くなってしまうのである．

演習問題

4・1 (4・5)式と以下のデータを用いて高度 25 km におけるオゾン濃度を計算せよ．[M] は大気中の主成分である窒素と酸素の合計濃度を示し，酸素濃度はその 20％ である．オゾン濃度実測値は 2×10^{12} molecule cm^{-3} である．計算値と実測値の違いについてその原因を考察せよ．

$$J_1 = 3\times 10^{-12}\,s^{-1},\ J_3 = 6\times 10^{-4}\,s^{-1},\ k_2 = 1\times 10^{-33}\,cm^6\,molecule^{-2}\,s^{-1},$$
$$k_4 = 6\times 10^{-16}\,cm^3\,molecule^{-1}\,s^{-1},\ [M] = 2\times 10^{18}\,molecule\,cm^{-3}$$

4・2 メタンの大気中の総量は 5×10^{12} kg であり，その大気濃度は現在 1.8 ppmv であり，ほぼ一定に保たれている．対流圏でのメタンとヒドロキシルラジカル（・OH）の反応速度定数 $k(CH_4 + \cdot OH)$，・OH の濃度 [・OH] を用いてメタンの年間発生量を推定せよ．

$$k(CH_4 + \cdot OH) = 6\times 10^{-15}\,cm^3\,molecule^{-1}\,s^{-1},\ [\cdot OH] = 1\times 10^6\,molecule\,cm^{-3}$$

4・3 将来有望とされている冷媒用化合物であるアンモニア，プロパン，高級アルコールについて大気化学反応の観点からの特徴を述べよ．

4・4 対流圏において温室効果ガスが増加すると南極オゾンホールはどうなるか考察せよ．

参 考 文 献

1) http://www.env.go.jp/earth/report/ozone_annual_H30_3-2_chap3ref.pdf
2) "Scientific Assessment of Ozone Depletion: 2018"
   https://www.esrl.noaa.gov/csd/assessments/ozone/2014/twentyquestions/Q20.pdf
3) "IPCC AR5 Climate Change 2013"，p.731〜732:
   https://www.ipcc.ch/pdf/assessment-eport/ar5/wg1/WG1AR5_Chapter08_FINAL.pdf

[そのほかの参考書]
・D. J. ジェイコブ著，近藤 豊 訳，"大気化学入門"，東京大学出版会 (2002).
・"都市スケール化学天気図ならびに全球化学天気図"，地球環境フロンティア研究センター制作，http://www.jamstec.go.jp/frcgc/gcwm/jp/index.html
・"オゾン層破壊の科学"，北海道大学大学院環境科学院 編，北海道大学出版会 (2007).

エネルギーを大切に

- 5・1 人間社会とエネルギー
- 5・2 エネルギーとその変換
- 5・3 火力発電
- 5・4 燃料電池
- 5・5 バイオマス
- 5・6 バイオ燃料
- 5・7 太陽光発電

5・1 人間社会とエネルギー
5・1・1 エネルギーの供給・消費量

　暮らしや産業に欠かせないエネルギー源は，**一次エネルギー**（primary energy）と**二次エネルギー**（secondary energy）に分類できる．**化石資源**（fossil resources．石炭・石油・天然ガス），原子力，水力，風力，**バイオマス**（biomass．薪や生物系廃棄物），のような"加工する前の資源"を一次エネルギーといい，電気，都市ガス，コークスなど"加工・変換後の資源"を二次エネルギーという．

　紀元前後から 2012 年までの 2000 年余につき，世界の人口と，一次エネルギーの供給量・内訳が変わってきたありさまを図 5・1 に示す[1]．なお横軸の目盛り間隔は 1900 年の前後で変えてある．また，縦軸に目盛った**原油**（crude oil）の重さは，1 トン≈42000 MJ＝42 GJ の関係を使ってエネルギーに換算できる．p.106 の表 5・2 参照）．

　図 5・1 は，化石資源（3種）と原子力，水力だけをエネルギー源とみて描いたものだが（いわば先進国の人々にわかりやすい情報），途上国ではまだバイオマスをずいぶん使い（p.114），世界エネルギー供給・消費の 10% 以上もバイオマスが占める．バイオマスのことは続く表 5・1 で少し触れたあと，§5・5，§5・6 でまたくわしく眺めよう．

　18 世紀までの人類は，自然の恵み（バイオマス）だけをエネルギー源にして暮らせた．産業革命（18〜19 世紀）で石炭の利用が増え始め，20 世紀に入ったあと（とりわけ第二次大戦後），石油と天然ガスの採掘・利用が拡大する．以後も人口の増加と工業化の進展により，エネルギー消費の伸びはとどまるところを知らない．

1995年ごろにやや鈍った伸び率も，20世紀末から中国など新興国の経済成長で急増傾向を回復した．いまは年間の供給量が原油換算150億トンに迫り，快適な暮らしを支えている．

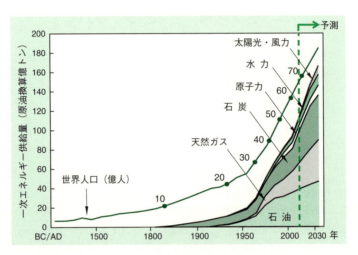

図 5・1　世界人口と一次エネルギー供給量の推移　西暦1～2012年の実績と2013～2035年の予測（資源エネルギー庁のHP[1)]に掲載の図を改変）

5・1・2　エネルギーの源

バイオマスも加えた一次エネルギー供給・消費の現状を表5・1にまとめた（送電ロスなどがあるため，"供給"量の60～70%が"消費"量）．エネルギー源の内訳は，利用時期の早い順にバイオマス，石炭，水力，石油，天然ガス，原子力とな

表 5・1　世界が消費する一次エネルギー[†1]

エネルギー	実質的な利用開始時期	供給比率[2)] (2013年，%)	消費比率[2)] (2013年，%)	源	可採年数[3), †2] (2015年)
バイオマス	先史時代	10.1	14.0	いまの太陽	∞
石　炭	19世紀中期	28.9	21.4	太古の太陽	114年
水　力	20世紀初頭	2.2	3.0	いまの太陽	∞
石　油	20世紀初頭	31.2	37.7	太古の太陽	53年
天然ガス	20世紀初頭	21.3	20.4	太古の太陽	51年
原子力	1970年代	4.8	2.1	核分裂	

†1　合計で利用比率がほぼ1%の風力，太陽光，地熱，潮汐を除く．
†2　情報源により大きく異なる（本文参照）．

る．表中の値は2013年（2014年発表）と2015年（2016年発表）のデータを使ったが，情報源でずいぶん変わる（次項も参照）．

右欄の"源"に注目しよう．化石資源は，太古の植物がしてくれた光合成（§5・5）の直接・間接産物だから，源は太陽エネルギーだった．バイオマスは"いまの太陽光"を使う光合成から生まれる．また水力発電には，"いまの太陽熱"で蒸発したあと高所に降った水の位置エネルギーを利用する．つまり，エネルギー6種のうち5種まで（総消費量の97%以上）が太陽の恵みだといってよい．

表5・1の中に載せていない風力発電は，"いまの太陽熱"が地表を不均一に温めて生まれる気流を利用する．太陽光発電も"いまの太陽光"を電気エネルギーに変える営みとなる．

太陽に関係しない原子力エネルギーは，核分裂を人工的に起こして得る．こうして人類が使うエネルギーのおもな源は太陽と核分裂だといえる（潮汐エネルギーだけは，地球と月の間にはたらく重力が源）．なお太陽エネルギーの根元は核融合だし，地球深部での原子核壊変が地熱を生むという説が正しいなら，私たちが利用するエネルギーはほぼ全部が"核反応の恵み"だとみてもよい．

エネルギーの消費は，1970年代以前の先進国で大気汚染を起こした歴史をもつうえ，社会の持続性にかかわる営みでもあるため，環境問題とは切っても切れない関係にある．

5・1・3　近未来の予測

図5・1や表5・1のように，いま世界はエネルギー消費の約80%を**化石燃料**（fossil fuel）でまかなう．化石資源の量は間違いなく有限だし，少なくとも2050年ごろまで世界人口は増加を続けると予測されるため，人間活動の勢い増加を示す図5・1は，"破局へと向かう人類"のイメージにつながる．だが浮足立つのは早計だろう．

たとえば，石油53年，天然ガス51年という表5・1の**可採年数**（reserve/production ratio．確認埋蔵量÷年間生産量）は，石油企業のBP社が2015年に発表した値を表す．2015年の実績にもとづく別の統計[4]も石油を58年とみるが，石炭の推定値（59年）はBP社の114年と大きく違う．かたやエクソンモービル社は2016年に，"採掘技術の向上を見越した可採年数"として，BP社の予測より3〜4倍も長い石油150年，天然ガス200年を発表している[5]．

つまり可採年数の値は，技術の進歩や試算法で大きく変わる（ちなみに1970年頃は"石油はあと40年"といわれていた）．2010年以降に注目を集めるオイルシェール（油頁岩）の開発動向も，化石資源の今後を左右するに違いない．

5・1・4 グリーンケミストリーと省エネルギー

ただし今後の数十年～100年間なら，むろん化石資源を浪費しないのが賢い．グリーンケミストリー（環境汚染を減らし，社会の持続に役立つ化学）の提唱者アナスタス（P. T. Anastas）とワーナー（J. C. Warner）が，その精神を12箇条（p.3）にまとめた[6]．意味合いの似た項目を整理統合すれば，12箇条は下記の3点にスリム化できる．①〜③は，ものづくりが主眼の"グリーンケミストリー行動"だけでなく，環境を考えた行動すべてに当てはまる．

> ① ゴミ（廃棄物）を減らす．
> ② あぶない物質を出さない．
> ③ エネルギー消費を減らす．

"エネルギーを大切にすること"＝省エネルギー（省エネ．③）ができたら，貴重な化石資源の節約になる．さらには，化石資源を扱う際に出るゴミも，燃やしたときに出る有害物質（一酸化炭素，硫黄酸化物，窒素酸化物，オゾンなど）も減らせる．つまり省エネは，①や②の一部にも役立つ一石三鳥の策だといえる．

5・1・5 省エネと化学

省エネの本質は，太古に降り注いだ太陽光の遺産（化石資源）をなるべく節約し，"いまの太陽"や核分裂を活用することだといえる．そこに化学の出番がある．化学合成原料に回す分を除き，化石資源は化学変化（燃焼＝熱の発生）を通じて利用するため，燃焼反応とエネルギー放出の関係を正しくつかみたい．つかめば"節約方針"も見えてくる．

いまの太陽や核分裂を活用する際も，装置や工場の建設・運転などに化石資源由来のエネルギーを必ず使う．そのとき，"活用して得られる量"が投入量より少なければ，"節約"どころか"浪費"になってしまう．どちらになるかを見抜くにも，化学の知恵が役に立つ．

5・1・6 本章の構成

まずは§5・2で，化学変化とエネルギー出入りの関係を眺め，物質の変化（結合の組替え）からどのようにしてエネルギーが取出せるのかを確かめる．

それをもとに§5・3では，物質の変化（化石燃料の燃焼）を通じたエネルギー取得のうち，いまの日本で利用エネルギーの中核を担う火力発電について，効率化の動向を眺めよう．§5・4は，燃料の化学エネルギーを電気に直接変換する"燃

料電池"の原理と展望にあてる．

続く§5・5で，光エネルギー変換の原理も含め，植物の光合成を原点とするバイオマス利用の現状を述べる．さらに，水力とバイオマス以外の**再生可能エネルギー**（renewable energy）のうち§5・6でバイオ燃料，§5・7で太陽光発電を眺める（エネルギーが"再生"することはないため"再生可能エネルギー"という用語は科学としておかしいのだが，大勢に従う）．

5・2 エネルギーとその変換
5・2・1 単　　位
ここまで定義せずに使ってきた"エネルギー"とは"仕事をする能力"をいい，大きさはJ（ジュール）単位で表す．旧来の単位cal（カロリー）とは1 cal＝4.184 Jの関係にある．

仕事率（power）［単位：W（ワット）］は，1秒間のエネルギー出入り量（単位：$J\,s^{-1}$）を意味し，秒数をかけるとJ単位のエネルギーになる．作動時のスマホが約1 Wなので，スマホを1秒間だけ使ったときの消費エネルギーが1 Jだとイメージしよう．電力量の表示に使うkWh（キロワット時）は，Wに時間をかけてあるからエネルギーそのものとなり，$1\,kWh = 10^3 \times 3600\,J = 3.6\,MJ$の換算が成り立つ．

光エネルギー変換（§5・5）の考察には，電子1個が電位差1 Vを行き来するときのエネルギー出入りを表すeV（電子ボルト．$1\,eV = 1.6 \times 10^{-19}\,J$; $96.5\,kJ\,mol^{-1}$に相当）という単位が役に立つ．

5・2・2 エネルギーの相互変換
宇宙のエネルギーは総量が一定で（**エネルギー保存則** energy conservation law），生成も消滅もしない．ある形から別の形への変身（**エネルギー変換** energy conversion）だけが起こる．ただし，耕作や太陽光発電の場合は，それに使う化石資源エネルギーの"投入"に対比させ，収穫物の化学エネルギーや電池の出力を"産出"エネルギーとよぶことが多い（p.122参照）．

エネルギーはさまざまな形をとり，おもな形には核（核分裂・核融合），熱，化学，光，力学，電気の六つがある．あらゆる自然現象，あらゆる人間活動は，エネルギー変換を伴って進む．エネルギー変換の向きと，それぞれに関係する現象・装置などを図5・2に描いた．

たとえば蛍光灯は，

太陽内部の核融合が生むエネルギー → 光エネルギー →［光合成］→
　　化学エネルギー（植物体＋動物体．2〜3億年で化石資源に変化）→
　　　［採掘 → 燃焼］→ 熱エネルギー → 力学エネルギー（タービン）→
　　　　　　　　　　電気エネルギー（発電機）→［送電］→ 光エネルギー

というエネルギー変換の結果として光る．だから蛍光灯の光は，"太古の地球に降り注いだ太陽エネルギーの化身"だといってもよい（道筋を図上でたどろう）．

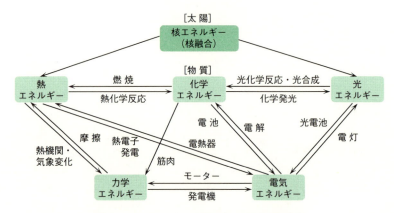

図 5・2　エネルギーのさまざまな形と相互変換

　世界の消費エネルギーは約 80% が化石燃料から得られ（図 5・1，表 5・1），有機物質の秘めている**化学エネルギー**（chemical energy）を，使いやすい形に変える．ほとんどの場合は，まず物質を燃やして熱を取出すが（図 5・2 の"化学 → 熱"），熱を通らず電気エネルギーに変える道（電池）もある．こうした化学エネルギーの変換をつぎに眺めよう．

5・2・3　化学エネルギーの変換
● **化学反応のエンタルピー変化**
　都市ガスを燃やせば，主成分のメタン CH_4 がつぎのように酸素 O_2 と反応し，二酸化炭素 CO_2 と水 H_2O が生じる．

$$CH_4(g) + 2\,O_2(g) \longrightarrow CO_2(g) + 2\,H_2O(l) \qquad (5\cdot1)$$

　( ) 内の記号 g (= 気体) や l (= 液体) は，物質が 25 ℃・1 atm でとる状態を表す．ただし，CH_4 や O_2，CO_2 など，状態（この場合はどれも気体）が自明な物

質には，記号の付記を省いてもよい．

反応(5・1)が進むと，メタン1 mol（16 g）あたり891 kJの熱エネルギーが出る．それをつぎのように書く．

$$\mathrm{CH_4 + 2\,O_2 \longrightarrow CO_2 + 2\,H_2O(l)} \qquad \Delta H = -891\,\mathrm{kJ} \qquad (5\cdot2)$$

このような結合の組替えに伴うエネルギー変化，いわば物質そのものがもつエネルギーの出入りを，**エンタルピー変化**（enthalpy change）という（高校の化学で"反応熱"とよんだもの）．

エンタルピー H とは，原子間結合の形で物質の中に隠れているエネルギーだと思えばよい．また記号 Δ は，行き先（右辺）の値から出発点（左辺）の値を引く操作を意味し，いまの場合は，エンタルピー H が減る（外に出てくる）ので ΔH が負になる．(5・1)式のように物質（燃料）が完全燃焼したときの ΔH を，**燃焼エンタルピー**（enthalpy of combustion）とよぶ．

エネルギーはどのようにして出たのだろう？ 反応(5・1)は，まず4 molのC-H結合と2 molのO=O結合を切り，ばらばらになった原子集団から2 molのC=O結合と4 molのO-H結合をつくったあと，水蒸気を液体に変える（凝縮させる）変化とみてよい．結合を切るときは必ずエネルギーを消費し，新しい結合ができるときと水蒸気が凝縮するときはエネルギーが放出される．反応(5・1)は，以上の差し引きで放出分の方が大きいから発熱反応になる（図5・3）．

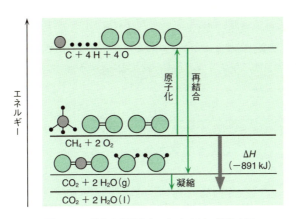

図5・3 結合の組替えとエンタルピー変化 ΔH

● 燃料の発熱量

燃料の発熱量（燃焼エンタルピーの絶対値）を，重さ1 kgあたりで比べよう（表

5・2). メタン CH_4 は天然ガスの本体をなす. 石油と石炭は複雑な組成をもつけれど, 石油はほぼ CH_2, 石炭はほぼ CH と考えてよい. 実用燃料にはエタノール C_2H_5OH やメタノール CH_3OH もある. 一般に, 物質をつくっている原子数でみたとき, H/C 比の高い燃料ほど重さあたりの発熱量が大きい.

石炭は, 種類 (品位) によって黄鉄鉱 FeS_2 などのミネラル分や水 H_2O をかなり含むため, 発熱量の実測値は, 純粋な炭化水素とみた計算値より小さい. 可燃成分 (炭素+揮発性炭化水素) の割合は高品位の無煙炭でも 85% にとどまり, 炭化が不十分で低品位の亜瀝青炭(れきせい)や褐炭だと 60～70% しかない.

表 5・2　燃料 1 kg の発熱量 (単位: $MJ\ kg^{-1}$)

燃　料	計算値	実　測　値
水　素	143	—
メタン	56	—
石　油	44	原油 42, ガソリン・ディーゼル油 48
石　炭	39	高品位炭 29～33, 低品位炭 17～21
エタノール	30	—
メタノール	23	—

またアルコール類 (エタノール, メタノール) は, 炭化水素が少し酸化された物質だから, 重さあたりの発熱量は炭化水素よりも小さい.

ここまでは, 化学変化 (燃焼) に伴う "熱の出入り" だけを考えた. 現実には "粒子の集合状態変化に伴うエネルギーの出入り" も進むため, 化学変化から取出せる仕事の大きさは, ギブズエネルギー変化 ΔG という量 (コラム "ギブズエネルギー G" 参照) で表せる.

ギブズエネルギー G

化学変化が進むと, 粒子 (原子・分子・イオン) の散らばりぐあいが変わる. 粒子の散らばりぐあい (正確には, 粒子が占める空間の広さを表す量の桁(けた)) を**エントロピー** (entropy) といい, 記号 S で表す. S は $J\ K^{-1}$ の単位をもつ (ように定義された) ので, S に絶対温度 T をかけた TS が J 単位のエネルギーになる.

注目する部分を "系", ほかを "外界", 系と外界の全体を "宇宙" とみたとき, 自発変化は, 宇宙のエントロピーが増す $\Delta S_{宇宙} > 0$ の向きに進む. 同じことを "系の量" だけで書けば, $\Delta H_{系} - TS_{系} < 0$ となる. そこで $H_{系} - TS_{系} = G_{系}$ と定義し,

5・2 エネルギーとその変換

添え字の"系"を落とした次式が，自発変化の向きを表す〔米国のギブズ (J. W. Gibbs) が 1870 年代に提案〕[7]．

$$\Delta G = \Delta H - T\Delta S < 0 \tag{1}$$

ΔG を**ギブズエネルギー変化**（Gibbs energy change）とよぶ．

反応を起こしたとき，$-\Delta G$（ΔG の絶対値）が正味の**仕事**（work）に使える．発熱量（$-\Delta H$）のうち，反応系内で"使われてしまう"$-T\Delta S$ を引いた分だけ"自由に使える"ため，G を**自由エネルギー**（free energy），$-\Delta G$ を"化学変化から取出せる最大仕事"ともいう．

水素 1 mol の燃焼を考えよう．

$$H_2 + \frac{1}{2}O_2 \longrightarrow H_2O(l) \tag{2}$$

25 ℃，1 atm での実測値 $\Delta H = -286$ kJ，$\Delta S = -163$ J K^{-1} を使い，(1)式より $\Delta G = -237$ kJ となる．以上をもとに，反応(2)のエネルギー関係を下図のように描く．

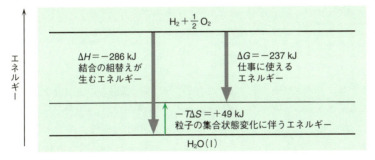

図 エンタルピー変化（ΔH）とギブズエネルギー変化（ΔG）でみた**水素 1 mol の燃焼反応**

反応(2)を利用した電池（水素-酸素燃料電池．§5・4）は，温度が 25 ℃なら，発熱量 286 kJ（$-\Delta H$）のうち約 83％にあたる 237 kJ（$-\Delta G$）を電気エネルギーに変換できる．水素 1 mol あたり電子 2 mol（電荷の絶対値 2×96500 C）が動き，"電気エネルギー ＝ 電荷量×電位差"の関係があるため，G の変化量 237000 J（＝ 237 kJ）を電荷量 2×96500 C で割り，理論上の電位差（電池の起電力）が約 1.23 V と計算される[8]．

(2)式の逆反応（水の分解）は，水 1 mol あたり ΔG（+237 kJ）以上の電気エネルギーや光エネルギーを投入しなければ起こらない．その反応効率（電解効率）は，237 kJ を分子，投入エネルギーを分母とした分数で表す．

5・3 火力発電
5・3・1 熱エネルギーの変換

燃料を燃やしたときに出る熱エネルギーは，そのまま暖房や調理に使う場合を除き，おもにつぎの2経路で暮らしと産業に利用する．

> ① 熱 → 力学エネルギー変換で動力を得る．
> ② 熱 → 力学 → 電気エネルギー変換に使う．

①は内燃機関（エンジンなど）として自動車や航空機に利用し，②が火力発電を表す．2013年時点の日本では，総エネルギー消費の26％以上，発電だけにかぎれば90％以上を火力発電が占めた（割合は，火力：水力：その他＝90.5：7.8：1.7）[4]．

熱 → 力学エネルギー変換では，熱を高温部（絶対温度 T_H）から低温部（T_L）に流しつつ力学仕事を生み出す．理論上，エネルギー変換効率 η の最大値 η_{max} は T_H と T_L の値で決まり，T_H が高いほど大きい．初等熱力学で扱う理想的な**カルノー機関**（Carnot engine）の場合は次式に書ける．

$$\eta_{max} = \frac{T_H - T_L}{T_H} \tag{5・3}$$

たとえば，T_H＝2000 K（約1700 ℃），T_L＝300 K（常温）のガソリンエンジンを考えよう．エンジンがカルノー機関なら（5・3）式より η_{max}＝0.85（85％）となるが，しくみがカルノー機関とは異なるし，動作は必ずしも理想条件ではない．また，エネルギー損失経路はほかにいくつもあるため，η は理想的な走行条件でも約30％（ディーゼルエンジンは約38％），ふつうの走行条件だと15％前後にまで落ちる[9]．

5・3・2 火力発電の効率
● 発電効率向上への歩み

通常の火力発電では，燃料を燃やしてつくった温度900 K（約650 ℃）くらいの水蒸気でタービン（蒸気タービン）を回し，"化学 → 熱 → 力学 → 電気" エネルギー変換を行う（図5・4）．発電効率を上げれば，より少ない燃料＝化石資源を燃やして同量の電気エネルギーを生み出せるから，省エネになる．

"熱 → 電気" エネルギー変換の効率は，過去45年間で図5・5のように上がってきた（東京電力の例）[10]．蒸気タービン発電の場合，当初の20％台が1980年代に40％近くとなり，現在は43％を超えている（日本の火力発電所全部の平均効率

が 43.2%).

燃料に天然ガスを使い,作業流体の温度が 1800 K(約 1500 ℃)にもなるガスタービンと蒸気タービンを直列につないだ"複合(コンパウンド)発電"が 1980 年代後半から導入され,改良を続けた結果,いま最新鋭の発電所は熱効率が 59% に迫る.

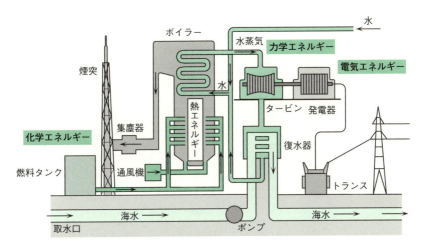

図 5・4　火力発電のあらましとエネルギー変換

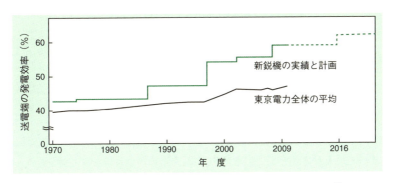

図 5・5　火力発電の"熱 → 電気"変換効率の推移(東京電力)[10]

● 火力発電の燃料

　火力発電の燃料といえば石油を連想しがちだけれど,日本の場合,石油が主役

（80％以上）だったのは1970年代の中期まで．2013年時点の燃料比率は，天然ガス41.8％，石炭40.5％，石油17.7％となり[11]，意外にも石油が最低で，天然ガスと石炭が双璧をなす．

2013年に火力発電のうち石炭が占めた割合は，中国97.5％，ドイツ81.9％，米国64.8％，英国64.6％，ロシア23.3％と，国ごとの差が大きく，世界平均だと約63％という数字になる（図5・6）．なお図5・6では，石油の占める割合が国ごとにずいぶん違う現状も確認しよう．

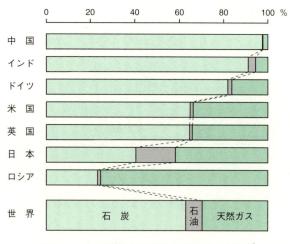

図5・6 火力発電に使う燃料の比率（2013年）[11]

大気汚染（§1・3）を起こしやすいのに石炭を多用するおもな理由は，同じ発電エネルギーあたりのコストにある．原油1バレルが60〜70ドルだった2006年でも，石炭のコストは石油の4分の1に届いていない．原油が高騰した2008年以降には，石炭も値上がり傾向を見せたとはいえ両者の差はもっと開き，コスト面の魅力がさらに高まっている（ただし将来の状況は未知数）．

日本の石炭火力発電所は，脱硫（§1・6）などの汚染対策を極限まで進め，煙も見えないほどきれいな施設になったが，発電効率をさらに上げる努力がなお続いている．

日本より効率の低い国々（独39％，米38％，インド・中国31〜33％）が1〜2％ずつでも効率を上げたら，年に1億トン規模の石炭を節約できて，世界の省エネが大きく進む．ほかの燃料を使う火力発電や，自動車エンジン，航空機エンジンの効

率向上にも期待したい．

5・4 燃料電池
5・4・1 電池というもの

　ある電極の上で還元剤が出した電子を，別の電極上で酸化剤に移せば，正味で $\Delta G < 0$ の酸化還元反応が進み，$|\Delta G|$ の一部が外部回路で電気エネルギーに変わる．このように，"化学 → 電気"の**直接変換**（direct conversion）を行う装置を**電池**（electric cell, battery）という[12]．

　代表的なマンガン乾電池は，1868年（明治元年）にフランスのルクランシェ（G. Leclanché）が発表した．改良は少しずつ進み，エネルギー密度が高くて寿命の長いアルカリマンガン乾電池（1959年）や，オキシライド電池（2004年）も登場したけれど，原理そのものは変わっていない．

　手近な物質の反応を使ってできる電池の起電力（電圧）は 1～4 V に及ぶ．すると，コラム"ギブズエネルギー G"の末尾に述べたことより，電池の逆反応にあたる電解だと，1～4 V の電圧を使えば，たいていの物質の酸化還元反応を起こせることになる．

　150年以上の歴史をもつマンガン乾電池（起電力 1.5 V）では，還元剤に亜鉛 Zn，酸化剤に二酸化マンガン MnO_2 を使い，両極の反応は次式で書ける．

$$\text{負極：} \quad Zn \longrightarrow Zn^{2+} + 2e^- \tag{5・4}$$

$$\text{正極：} \quad 2MnO_2 + 2H^+ + 2e^- \longrightarrow 2MnO(OH) \tag{5・5}$$

　このとき取出せる電気エネルギーは，材料（とりわけ Zn など還元剤）の製造に使ったエネルギーのごく一部（1%以下）だから，乾電池はエネルギー収支より"便利さ"を優先した製品だといえる．コスト面でも，たとえば単3乾電池8本（約 1000 円）に入っている電気エネルギーを家庭のコンセントから取れば1円ですむ（ちなみに，電力料金が日本のほぼ半分と安い米国なら，単3乾電池16本分の"電気"が1円）．乾電池の価格は"便利さ"への対価だと心得よう．

5・4・2 燃料電池の特徴

　燃料を還元剤に使う電池を，文字どおり**燃料電池**（fuel cell）とよぶ．発明は乾電池より古いものの（1839年，英国のグローヴ W. R. Grove），環境問題との関連で近年にわかに注目を集めている．"効率がよい"，"CO_2 の発生が少ない"，"送電ロスがない"，"電線を引けない場所でも使える"などが利点とされる．

● CO_2 の発生量

"燃料電池"とはいっても,いま大半の電池は,燃料(天然ガス = メタン CH_4)から次式の高温反応(**改質** reforming)で得た水素 H_2 を還元剤に使う(そのため,電池本体の大きな部分を改質装置が占める).

$$CH_4 + 2H_2O \longrightarrow CO_2 + 4H_2 \qquad (5 \cdot 6)$$

CO_2/CH_4 比は(5・2)式のメタン直接燃焼と同じだから,運転中に CO_2 が出なくても,正味では天然ガス火力発電と同量の CO_2 が出ることに注意しよう.

メタンの改質反応で得た水素ではなく,水力発電でつくった電力により水を電解して得た水素が還元剤なら,CO_2 の発生量は減らせる(減らすことに意味があるかどうかはともかく).ただし,日本のように水力発電の電力料金が高い国では,"水力 → 水素"というエネルギー媒体の変換が社会全体として必ずしも有利とはいえない.

● エネルギー変換効率

燃料電池には,1998年に商用化されたリン酸型(PAFC = phosphoric acid fuel cell),実証試験中の溶融炭酸塩型(MCFC),自動車用に有望とされる固体高分子型(PEFC),開発途上の固体酸化物型(SOFC)がある[12].

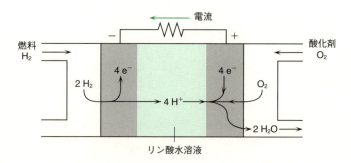

図 5・7 リン酸型燃料電池(PAFC)の模式図

そのうち PAFC(図 5・7)は,還元剤に水素を,酸化剤に酸素 O_2(空気)を使い,燃料電池としては低温の 170〜200 °C で動作させる.負極と正極で(5・7)式と(5・8)式で示す電子授受が進み,全体が水素の燃焼反応 $2H_2 + O_2 \rightarrow 2H_2O$ となる(起電力の理論値は 1.23 V だが,現実には表面反応に伴うロスがあるため 0.8〜0.9

Vに落ちる).

$$負極:\quad 2H_2 \longrightarrow 4H^+ + 4e^- \qquad (5\cdot 7)$$
$$正極:\quad O_2 + 4H^+ + 4e^- \longrightarrow 2H_2O \qquad (5\cdot 8)$$

メタン → 水素 → 電気の変換は,段階それぞれにエネルギー損失を伴う.そのため最終的な"化学 → 電気"エネルギーの変換効率は 35〜60% となり,現状では火力発電(図 5・5)に比べて高いとはいえないが,改質プロセスや電池材料の改善を通じて総合効率を向上できる可能性はある.

改質反応でも,反応 (5・7) と (5・8) を合わせた"水素の燃焼"でも熱が発生する.その熱も有効利用するやりかたを**コージェネレーション**(cogeneration=熱電併給)という.コージェネレーションをすれば総合効率が 80% 以上に上がる(ただし,排熱を利用して総合効率が上がるのは,火力発電や原子力発電も同じ).

● 燃料電池自動車の利点と問題点

燃料電池自動車は走行中に硫黄酸化物や窒素酸化物を出さないため,大気汚染をひき起こさないのが最大の利点となる.電気自動車やハイブリッド車と同じく騒音が少ないのも利点だが,あまり静かだと事故につながりやすいという指摘もある.

上記の (5・7) 式に書ける水素の酸化では,H−H 結合が切れる.高温ならたやすく切れて燃焼が進むけれど,燃料電池だと低温で切れなければいけない.そのために触媒が必須となる.反応 (5・7) 用の触媒に適する物質は当面,白金 Pt などの貴金属しか知られていない.

自動車用の燃料電池は,1 台に 50〜100 g の白金を使う.白金の価格(25〜50 万円)も,数年ごとの買い替えを要するところもかなりの問題だが,それよりは供給量が壁になる.日本国内で使う白金は年に約 30 トンだから,その 1 割 = 3 トンを車に回せたとしても,年々 3〜6 万台分にしかならない.いま日本では年に 1000 万台以上(ほぼ半数は輸出用)の車をつくるので,白金触媒を使うかぎり大規模利用はむずかしい.

燃料電池の大規模利用には,安価な触媒の開発が必須となる.いままで純物質はずいぶん調べられたが,まだ画期的な成果は出ていないため,有望なのは"平凡な金属の合金"だろう.今後の研究開発に期待したい.

ただし触媒が解決できても,普及には水素ステーションの全国展開が欠かせない.2016 年時点で全国のガソリンスタンドが約 32000 箇所のところ水素ステーションは 100 箇所に満たないが,今後の増設はありうる.

5・5 バイオマス

表5・1のうち"消費比率"をわかりやすく図5・8に描いた。比率では再生可能エネルギーが石炭と肩を並べ、その大半をバイオマス（おもに薪）が占める。途上国はまだバイオマス自体をエネルギー源に多用し、熱発生（暖房、調理など）にバ

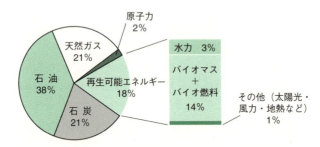

図5・8 世界エネルギー消費の内訳（2013年；表5・1の概数値）[2]

イオマスを使う割合なら、エチオピアが93%、パキスタンが51%、インドネシアが49%、インドが36%、タイが28%となり、世界平均でも16%にのぼる[2]（1850年ならどの国もバイオマスがほぼ唯一のエネルギー源だった）。

以下、光エネルギー変換の基礎と、バイオマスを恵む**光合成**のあらましを眺めよう。さしあたり主要エネルギー源になれない人工的光エネルギー変換（**太陽電池** solar cell）のことは§5・7で触れる。

5・5・1 光エネルギー変換の基礎

光は、波長で決まるエネルギー ε_p をもつ粒子＝**光子**の集まりとみてよい。波長 λ を nm（ナノメートル＝ 10^{-9} m）単位、エネルギー ε_p を eV 単位（§5・2・1）にすると、それぞれわかりやすい数値になる。光エネルギーと波長は、(3・1)式と(3・3)式を用い、c と h を数値化すれば、次式の関係で結びつく。

$$\varepsilon_p = \frac{1240}{\lambda} \tag{5・9}$$

目に見える**可視光**の波長 λ は 400～750 nm の範囲なので、光子1個のエネルギー ε_p は 1.7～3.1 eV となる。単位 eV の定義（§5・2・1）と電解電圧の話（§5・4・1）を思い起こせば、可視光の光子は"起電力1.7～3.1 Vのミニ電池"とみてよく、たいていの酸化還元反応を駆動する力がある。

物質は、それぞれ一定値（**吸収端エネルギー** absorption edge energy）ε_g より大

きい光子エネルギーの光（吸収端波長 λ_g より短い波長の光）だけを吸収できる．また，太陽光は図5・9のようなスペクトル分布をもつ．

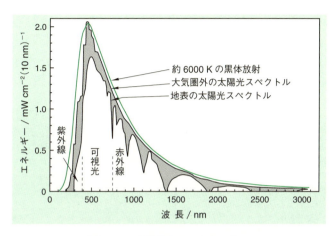

図5・9　太陽光のスペクトル分布

以上を使うと，物質の吸収端エネルギー ε_g に対し，太陽光 → 化学（電気）エネルギー変換効率 η_s の最大値を計算できる．結果を図5・10に描いた[8]．η_s は $\varepsilon_g \fallingdotseq$ 1.35 eV（$\lambda_g \fallingdotseq$ 920 nm，近赤外域）の物質で最高（約32%）になる．ただし図5・

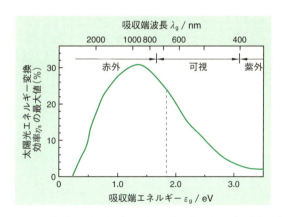

図5・10　物質の吸収端エネルギーと太陽光エネルギー変換効率

10は，光を吸収してからのプロセスがみな理想的に進んだときの値を表す．光を吸収したあとにエネルギー損失があれば，その分だけ変換効率は落ちる．

5・5・2 光合成

● 太陽光エネルギー

太陽エネルギー (solar energy) の大きさを表 5・3 に示す[8]．太陽内部の核融合から出るエネルギーの 22 億分の 1 が地球に達し，雲などによる反射（反射率 30% を仮定）を逃れて地表に届く年間値 3.9×10^{24} J は，世界エネルギー消費量の約 1 万倍にのぼる．うち約 0.1%（緑地だけなら 0.2〜0.3%）が光合成で有機化合物の化学エネルギーに変わり，その約 5% が人間の食糧となる．

表 5・3 太陽光のエネルギー（年間値）[8]

	測定値	相対値†
太陽が放射するエネルギー ↓（22 億分の 1）	1.2×10^{34} J	—
地球の受ける太陽光エネルギー ↓（約 30% が反射）	5.5×10^{24} J	—
地表＋海洋面に届くエネルギー ↓（1000 分の 1）	3.9×10^{24} J	10800
光合成で固定されるエネルギー ↓（200 分の 1）	3.9×10^{21} J	11
食糧になるエネルギー	1.9×10^{19} J	0.05
世界のエネルギー消費量 （うち化石燃料分）	3.6×10^{20} J (2.8×10^{20} J)	1 0.79

† 世界のエネルギー消費量（年間）を 1 とした場合の値．

● 光合成の基本反応

光合成は $\varepsilon_g \approx 1.8$ eV（$\varepsilon_g \approx 700$ nm）の光エネルギー変換システムとみてよい．**クロロフィル**（chlorophyll）が吸収した光エネルギーで酸化還元反応を駆動し，二酸化炭素 CO_2 と水 H_2O から高エネルギー有機化合物をつくる（そのとき副産物とし

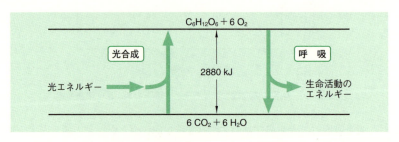

図 5・11 光合成と呼吸のエネルギー関係

て酸素 O_2 が出る). 生成物をグルコース (ブドウ糖) $C_6H_{12}O_6$ とみれば, 全反応は次式に書ける.

$$6\,CO_2 + 6\,H_2O \longrightarrow C_6H_{12}O_6 + 6\,O_2 \qquad \Delta G = +2880\,\text{kJ} \qquad (5 \cdot 10)$$

私たちの体内では $(5 \cdot 10)$ 式の逆反応 ($\Delta G = -2880\,\text{kJ}$) が進み (**呼吸** respiration), そのとき放出されるギブズエネルギーが, 体温の維持や運動, 生合成反応の駆動力になる (図 $5 \cdot 11$).

● **光合成のエネルギー変換効率**

図 $5 \cdot 10$ より, $\varepsilon_g \approx 1.8\,\text{eV}$ での最大変換効率 η_s は約 24% だが, 光合成のしくみに伴うエネルギー損失があるため, 総合変換効率は約 8% 以下となる. さらに, 可視光の一部 (緑色) が反射・透過し, 蓄積エネルギーの一部を代謝に使うことなどから, 最適な生育条件 (たとえば夏の1カ月) でも変換効率は 2〜3%, 通年だと日本の緯度なら 1% にとどまる. とはいえ, 地球全体では世界エネルギー消費量の 10 倍を超すエネルギー産生をしている事実 (表 $5 \cdot 3$) には注目したい.

● **光合成と食糧**

地球に届く太陽光エネルギーは一定で, 光合成の変換効率には上限があり, 耕地に使える地面はかぎられるため, 食糧の生産量にも上限がある. 以上に注目して見積もった"地球上で養える人口"は, やや悲観的な見積もりで 80 億人, 中間的な見積もりで 100 億人, 楽観的な見積もりでも 120 億人だという. 80 億人となるのは 2025 年前後だろうし, 2050 年ごろには 100 億に迫るかもしれない."環境"を広い目でとらえたとき, 中〜長期的にいちばん心配なのはこの人口・食糧問題だろう.

● **光合成と物質循環**

光合成は地球全体の物質循環にも寄与する. 1年間に光合成で固定される二酸化炭素 CO_2 (約 4000 億トン) は, 大気中 CO_2 総量の 7 分の 1 にもなる. 少なくとも過去数千年間, 年々ほぼ同量の CO_2 が生物の腐敗と呼吸で大気に戻り, CO_2 濃度は一定 (約 280 ppm) だったらしい. しかし産業革命以来, 大量の化石資源を燃やしたせいで大気中の CO_2 が増え, 2016 年ごろに 400 ppm を超えた (第 3 章 p.72 参照).

5・5・3 未来社会とバイオマス

バイオマス利用はまだ多くの問題をはらむけれど, 石炭も枯れる数百年後は, バ

イオマス頼りの世界になるのではないか．数百年後なら，いま73億超の世界人口もおそらく30〜40億台の定常状態となり，栽培・加工のエネルギー効率も向上していよう．また，植物機能の分子レベル解析がさらに進み，遺伝子工学を利用した有用植物の作出も現実化しているだろう．そんな時代を拓く基礎研究の推進に期待したい．

5・6 バイオ燃料

植物体（バイオマス）の成分はおもに光合成由来の高エネルギー有機物だから，むろん燃料に転化できる．原料も最終燃料も種類は多いが，当面はエタノールと，"石油製品＋エタノール"の反応でつくるエーテル，そして"油脂＋エタノール"の反応でつくる有機物に注目する人がいる．最初の二つはガソリンの代替物，三つ目はディーゼル燃料の代替物になるという．

● **バイオエタノール**

エタノール自体は，糖類の微生物発酵（アルコール発酵）でつくれる．サトウキビの搾りかすや果物など，単糖（グルコース $C_6H_{12}O_6$ など）の多い材料に酵母を作用させれば，酵母は嫌気（酸素不足）条件のもとでグルコースを摂取し，エタノールと二酸化炭素 CO_2 を出す．

$$C_6H_{12}O_6 \longrightarrow 2\,C_2H_5OH + 2\,CO_2 \qquad (5\cdot11)$$

ヒトなら好気（酸素豊富）条件でグルコースを酸化するところ（図5・11），それができない嫌気的環境に住む酵母は，生きるためのエネルギーを反応(5・11)で獲得し，エタノールを"排泄"する．

単糖の含有量が少なく，デンプンやセルロースなどのグルコース重合物に富むバイオマス（米国で多用するトウモロコシなど）は，まず酵素法（日本酒製造の麹菌処理など）や化学法でグルコースに分解（糖化）したあと，グルコースを酵母に食べさせて反応(5・11)を進ませ，エタノールを得る．

● **ETBE**

エーテルは，たとえば次のように，石油由来のイソブテン $CH_2=C(CH_3)_2$ をエタノールと反応させてつくる．

$$C_2H_5OH + CH_2=C(CH_3)_2 \longrightarrow C_2H_5-O-C(CH_3)_3 \qquad (5\cdot12)$$

産物のエチル *tert*-ブチルエーテル（ethyl *t*-butyl ether ＝ ETBE）は，ガソリンに混ぜて自動車燃料にする．

5・6 バイオ燃料

● バイオディーゼル燃料

3価アルコールのグリセリンに2～3分子の長鎖脂肪酸がエステル結合した物質＝油脂は，食用油やバターなどに使う．油脂そのものは粘性が高すぎて内燃機関に適さないが，長鎖脂肪酸1分子とメタノールのエステルなら，ディーゼルエンジンの燃料になる．

そこに注目し，ナタネ油や使用ずみの天ぷら油とメタノールとの反応（エステル交換 ester exchange）でつくった有機物質を，**バイオディーゼル燃料**（BDF＝biodiesel fuel）という．上記からわかるとおり，飽和脂肪酸の場合，BDFの一般式は$C_nH_{2n+1}COOCH_3$と書ける．

● バイオ燃料の利点

化石資源は，生物体由来の（正確には，タンパク質をつくるメチオニンやシステインといったアミノ酸に由来する）硫黄Sを含んでいる．表5・4のように，硫黄

表 5・4 燃料の硫黄含有量[13]

燃　料	硫黄 S の濃度（質量％）
石　炭	0.2～7.0
重　油	0.5～4.0
コークス	1.5～2.5
ディーゼル燃料	0.3～0.9
ガソリン	0.1 以下
ケロシン	0.1
薪（まき）	きわめて少ない
天然ガス	きわめて少ない

の含有率は低品位炭なら7％にもなり，脱硫後のガソリンも国によっては0.1％ほど硫黄を含む[13]（ただし昨今，先進諸国は硫黄分の低減を大きく進め，EUは2005年から硫黄分 50 ppm＝0.005％以下のガソリンに優遇税制を適用したし，日本は2008年からガソリンの規格を硫黄分 10 ppm＝0.001％とした）．

燃料の硫黄分は，燃やしたときに二酸化硫黄SO_2となって大気を汚す（第1章，p.13 参照）．その問題がないバイオ燃料は，環境面で注目を集めた．たとえばブラジルは，1970年代の石油危機をきっかけにエタノール燃料の導入を大きく進め，いま数百万台規模の純エタノール車やエタノール・ガソリン混合燃料（ガソホール）車を走らせ，大気の浄化に成功している．

● カーボンニュートラルという発想

バイオマスは，大気中の CO_2 を原料にした光合成で生まれる．バイオマス由来の燃料（バイオ燃料）を燃やしても，CO_2 を大気に戻すだけだから大気の CO_2 を増やさない（"温暖化対策"になる）という発想を，**カーボンニュートラル**（carbon neutral＝大気中 CO_2 の収支ゼロ）と表現する．

しかしカーボンニュートラルは，"目の前のバイオマスがひとりでに（人間が手を加えなくても）燃料になる"と仮定した論にほかならない．バイオ燃料は，種まきに始まる栽培と収穫の作業（輸送も含む），発酵や化学処理を伴うプロセスを経てつくり（図 5・12），どの段階も CO_2 発生（エネルギー消費）を伴う．要するに，何か一つでも作業をするとカーボンニュートラルではなくなる．

図 5・12　バイオ燃料生産とエネルギー投入 / 産生のイメージ

● バイオ燃料のエネルギー収支

バイオ燃料の製造事業を始める時点の投入エネルギーを化石資源でまかなったとしても，最後に得られるバイオ燃料の化学エネルギーがもし投入エネルギーを上回るなら，化石資源の保全につながる．第 2 サイクル以降の投入エネルギーをバイオ燃料でまかなえば，化学エネルギーが無限に"増殖"することとなり，十分な広さの耕地を確保できるなら化石資源の採掘も不要になる[14]．

そうした気配がまったく見えない以上，バイオ燃料製造の総合エネルギー収支はマイナス（化石資源の浪費）だということになる．今世紀の初めにエネルギー収支を"プラス"と見積もった論文を引用する近刊書[15]もあるが，原論文に当たってみると，"投入エネルギー"を過少評価した結果のように思える（p.123 も参照）．

● バイオ燃料の失敗例

21 世紀に入って米国は，トウモロコシからのバイオ燃料生産を国家プロジェクトの一つにした．そのため小麦栽培からトウモロコシ栽培に切替える農家が続出したほか投機マネーも動き，2007 年の 1 年間には小麦粉の価格が倍増し，日本の消

費者物価をも押し上げた.

日本では 2003～08 年度の 6 年間に六つの省が合同で,バイオ燃料を太い柱の 1 本にした"バイオマス・ニッポン"という事業に 6 兆円をつぎこんだものの,成果ほぼゼロで幕引きとなっている[14].

以上よりバイオ燃料製造は当面,"エネルギー代替"ではなく"大気汚染の抑制や改善"を主眼に進めるのが妥当だろう.

5・7 太陽光発電

バイオマスと水力を除く再生可能エネルギーは現在,世界エネルギー消費のせいぜい 1% しか占めていない(図 5・8).以下,グリーン"ケミストリー"にからむ太陽光発電につき(つまり"化学"と無縁な風力発電や水力発電,地熱発電は念頭に置かず),心配な点も考えつつ,原理と現状を眺めてみたい.

● 太陽電池の原理

太陽電池では,半導体が光を吸収して光電気エネルギーの直接変換が進む.多用される p–n 接合型太陽電池の原理を図 5・13 に描いた[8].

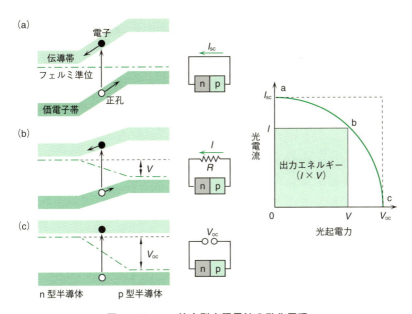

図 5・13　p–n 接合型太陽電池の動作原理

n型とp型の半導体を接合し導線でつなげば (a), 平均電子エネルギーを意味するフェルミ準位 (Fermi level) (---) が互いに一致する結果, 接合部に電位の勾配ができる. 接合部が光を吸収すると, 生じた電子と正孔が反対向きに動いて電流 I_{sc} (sc は short circuit: 短絡) は流れても, 回路抵抗がゼロだから, 出力 $IV = I^2R$ はゼロとなる.

回路を開いたときは (c), フェルミ準位の差に等しい電圧 V_{oc} (oc は open circuit: 開回路) が生じるけれど, 電流がゼロなので出力もゼロに等しい.

出力は, 回路抵抗が適当な値 R のとき (b) に最大となる. 太陽電池の性能は, 図 5・13 の右手に描いた曲線 abc が長方形 (破線) に近いほど高い.

● **エネルギー変換効率**

いま太陽電池材料の 99.5% を占めるシリコン (ケイ素) は, 結晶 ($\varepsilon_g \approx 1.1$ eV) と非晶質 ($\varepsilon_g \approx 1.0$ eV) の η_s 理論値がそれぞれ 30%, 26% (短波長域の効率低下を考えれば 27%, 15%) となる. 現実は結晶が 20% 以上, 非晶質が 10% 以上だから, もう理論値の 8 割に届いている. ちなみにシリコンは, ε_g が理想値 1.35 eV (図 5・10) に近いうえ資源量も多いので, 太陽電池材料に選ばれる.

● **発電の出力と規模**

太陽光のエネルギー密度は, 快晴で太陽が中天にあるときの地表で約 1 kW m^{-2} となる. 太陽が中天に来ない日本では, 南中時の直射光でも 740～900 W m^{-2}, 昼夜・晴雨・季節変動をならした平均値は 145 W m^{-2} にとどまる. 太陽電池の出力は, 太陽光エネルギー密度と電池の面積から計算できるが, エネルギー密度に "仮想の 1 kW m^{-2}" を使うか "現実の 145 W m^{-2}" を使うかで値が 7 倍も違う. また, 太陽光パネルの仕様に書いてある出力は "1 kW m^{-2}" を使う計算値だという点に注意したい.

なお 2013 年時点で日本の太陽光発電量 (12 億 kWh) は, 火力と水力を合わせた約 1 兆 kWh の 0.1% 強にすぎなかった[4].

● **太陽光発電の "産出 / 投入比"**

無償の太陽光エネルギーを電力に変える太陽光発電は, 一見よさそうに思える. ただし, 鉱石の採掘・輸送, 生産工場の建設・運転, シリコンの精製・加工, 電池パネル・架台・周辺機器 (直流交流変換をするインバーターなど) の製造・据えつけに必要なエネルギーは, 大半を化石資源の燃焼で生む.

完成システムが寿命内に生み出すエネルギーは, 太陽光の密度 (日本なら平均

145 W m^{-2}）と変換効率で決まる．寿命内の発電量を投入エネルギーで割った値を，**産出／投入比**（yield/consumption ratio）とよぶ．このように"ゆりかごから墓場まで"の収支を考えた性能評価を，**ライフサイクルアセスメント**（life cycle assessment, LCA）という（第8章参照）．

太陽光発電の産出／投入比については，もはや1を超えていて十分に役立つという（メーカーや研究者の）意見から，まだ1に届いていないという（慎重派の）意見まで幅広い．産出エネルギーは太陽光密度と変換効率から確定するため，意見が分かれる要因は"投入エネルギー値"をどう見積もるかにある．

発電システムの寿命が（たとえば50～60年と）長くなれば，製造に投入したエネルギーはどこかの時点で必ず回収され，化石エネルギーを節約できることになる．変換効率がもはや理論値に近い太陽光発電の未来は，システムの寿命をどこまで延ばせるかにかかっていよう．

● 太陽光発電の問題点

太陽光発電は（本章で扱わない風力発電も）出力が不安定だから，そのままでは基幹電源になりえない．ただし，信頼度の高い大規模な蓄電システムが完成すれば十分な意味をもつため，それに向けた研究開発の進みに期待したい．

日本は太陽光や風力で生む電力の"固定価格買取り制度"を2012年7月に始めた．発足の直後から，高額な買取り枠を確保しつつも事業を始めない事業者が続出し，電力会社が買取りを拒否するなどの迷走が続く（不安定な電気を拒否するのは当然）．10 kWを超す発電設備の売電価格が，kWhあたり当初の約43円から2016年度の約26円へ下がったこともあって，買取り制度は事実上2014年ごろに破綻した（ドイツも2016年6月，固定価格買取り制度を2017年から原則廃止すると決めている）．

買取り制度は，発電設備を買えない庶民から，買える富裕層に財を回して社会格差を広げる営みに等しい．さらに，たとえば"メガソーラー"の設置は，山林を破壊して景観を損なうばかりか，大雨の際は堤防決壊や土砂崩れの誘因になる．昨今そうした事例も増えてきた．

演 習 問 題

5・1 表5・2（p.106）とつぎの数値を使い，走行中のガソリン車1台が何kWのヒーターに等価か見積もってみよ．平均走行速度：60 km h^{-1}，燃費：15 km L^{-1}，ガソリンの密度：0.75 kg L^{-1}．

5・2 表5・2のデータを使い，エタノールの完全燃焼を (5・2)式 (p.105) の形に書き表せ．

5・3 ヘキサン C_6H_{14} の燃焼エンタルピー $\Delta H = -4160 \text{ kJ mol}^{-1}$ が，ガソリン（C_5〜C_{11} 炭化水素の混合物）の発熱量（表5・2）に近いことを確かめよ．

5・4 2013年に世界の石炭火力発電量は約 9.6 兆 kWh だった[11]．石炭の発熱量を 30 MJ kg^{-1} とした場合，いま 36% の平均発電効率を 37% に上げたら，年に何万トンの石炭を節約できることになるか．

5・5 現在，水素−酸素燃料電池の触媒はほぼ白金にかぎられる．なぜそうなのかを調べてみよう．

5・6 太陽光の平均エネルギー密度を 145 W m^{-2}，光合成の反応を (5・10)式 (p.117)，太陽光エネルギー変換効率を 1%，栽培期間を 5 カ月としたとき，1 ha (10^4m^2) の耕地で収穫できる植物体は何トンか．また，植物体の 50% が可食部（コメなど）なら，その重さはどれだけか．

5・7 上と同じ太陽光エネルギー密度の場合，変換効率 10%，面積 10 m^2，寿命 20 年の太陽電池パネルは，寿命内に何円分の発電ができるか．電力料金は 20 円 kWh^{-1} とする．

5・8 2% の硫黄を含む石炭 100 トンの燃焼から出る SO_2 を，脱硫（§1・6）でセッコウ $CaSO_4 \cdot 2H_2O$ に変えたとき，生じるセッコウの重さは何トンか．硫黄 S の原子量は 32，セッコウの式量は 172 とせよ．

5・9 ブラジルは，サトウキビの搾りかすを発酵させて年に約 2300 万トンのエタノールを生産し，自動車燃料に使っている[4]．年間に何万トンのガソリンを節約していることになるか．

5・10 2013年時点で人口 1 人あたりの CO_2 排出量は，米国（人口 3 億 2400 万人）が約 16 トン，日本が約 10 トンだった[4]．米国だけが日本なみになった場合，世界の CO_2 排出量（2013年で 322 億トン）は何 % 減ることになるか．

5・11 東京都は 2017 年 7 月から LED 電球 100 万個を白熱電球と交換する事業を始めるにあたって，"約 23 億円の電気代が節約でき，CO_2 排出を 4.4 万トン減らせる" と説明し，それを大半のメディアが大きく報じた．節電分の 23 億円でガソリンを買い，自動車のエンジン内で燃やしたとき，大気に出る CO_2 は何トンか．元素組成 CH_2，密度 0.75 kg L^{-1} のガソリン 1 L を 120 円として計算し，結果を考察せよ．

参 考 文 献

1) http://www.enecho.meti.go.jp/about/whitepaper/2013html/ （資源エネルギー庁 "エネルギー白書 2013"）

2) http://www.worldbioenergy.org/uploads/WBA%20Global%20Bioenergy%20Statistics%202016.pdf （World Bioenergy Association 発表の 2013 年度統計）［表5・1 は p.11, 14, 図5・8 は p.14 より］

3) https://www.bp.com/content/dam/bp/pdf/energy-economics/statistical-review-2016/bp-statistical-review-of-world-energy-2016-full-report.pdf（BP 社発表の 2016 年度統計）
4) "世界国勢図会 2016/17"，矢野恒太記念会編集・発行（2016）．
5) http://cdn.exxonmobil.com/~/media/global/files/outlook-for-energy/2017/2017-outlook-for-energy.pdf（Exxon Mobil 社が 2017 年に発表した予測）
6) P. T. Anastas, J. C. Warner 著，渡辺 正，北島昌夫 訳，"グリーンケミストリー"，丸善（1999）．
7) P. Atkins ほか著，渡辺 正 訳，"アトキンス 一般化学（上）"，東京化学同人（2014）．
8) 渡辺 正 編著，"電気化学"，丸善出版（2001）．
9) 村山 正，常本秀幸 著，"自動車エンジン工学"，山海堂（1999）．
10) http://www.tepco.co.jp/torikumi/thermal/images/fire_electro_efficiency.pdf（東京電力の HP）
11) "エネルギー・経済統計要覧 2016 年版"，日本エネルギー経済研究所編，省エネルギーセンター（2016）．
12) 渡辺 正，片山 靖 著，"電池がわかる 電気化学入門"，オーム社（2011）．
13) J. E. Andrews ほか著，渡辺 正 訳，"地球環境化学入門 改訂版"，丸善出版（2012）．
14) 渡辺 正 著，"「地球温暖化」神話 — 終わりの始まり"，丸善出版（2012）．
15) 御園生 誠 著，"現代の化学環境学"，裳華房（2017）．

役に立つ物質をつくる

6・1 化学合成のグリーン度を評価する新しい尺度
6・2 触媒的酸化反応の実現
6・3 グリーンケミストリーの考え方に合致した工業化プロセス
6・4 化学合成におけるグリーンケミストリーへの期待

6・1 化学合成のグリーン度を評価する新しい尺度

　地球環境や生態系に悪影響を及ぼす化学物質の使用を避けながら，有用でしかも環境にやさしい物質を，生産性の高い化学技術でつくろうとするグリーンケミストリー（GC）の考え方が，化学にたずさわる人々の間に広まっており[1]，GCがめざす基本的な方針は，すでに"はじめに"で紹介した"グリーンケミストリーの12箇条"として簡潔にまとめられている（p.3参照）．

　"ものづくり"の中心を担う有機合成化学では，19世紀半ばに始まった染料の化学合成以来最近まで，欲しいものをいかに効率よく高い合成収率*でつくるかが最大の関心事であり，合成の際に使用する試薬や溶媒の毒性・危険性や，副生する無機塩廃棄物の量やその処理などにあまり注意が向けられてこなかった．1990年代に入って米国のトロスト（B. M. Trost）やオランダのシェルドン（R. A. Sheldon）らが，**原子効率**（アトムエコノミー atom economy）[2]および**環境因子**（E-ファクター E-factor）[3]という尺度で有機合成反応をみる必要があると，強く唱え始めた．

● 原 子 効 率

　化学反応式の中で，矢印の左側の部分を**原系**，右側を**生成系**とよぶと，原子効率は（6・1）式で与えられる．

---

* 反応の前後で含まれる原子数が過不足ないように考えられた化学反応式を元に理論的に収量を求めると，合成収率は次式で与えられる．

$$合成収率(\%) = \frac{目的物の実際の収量 (g)}{理論収量 (g)} \times 100$$

$$\text{原子効率(\%)} = \frac{[\text{生成系の目的物の分子量}]}{[\text{原系に含まれる反応試薬の分子量の総和}]} \times 100 \quad (6\cdot1)$$

原子効率は，従来の有機合成ではほとんど顧みられていなかった尺度である．反応に用いた原料・試薬の原子がすべて目的物に含まれる場合に，原子効率は100%となる．したがって，(6・2)式に示すディールス・アルダー（Diels-Alder）反応などの付加反応や転位反応は，無駄な物質を生じないので，原子効率の観点からは理想的な反応といえる．

$$\text{1,3-ブタジエン} + \text{エチレン} \xrightarrow{\text{ディールス・アルダー反応}} \underset{\text{原子効率}=100\%}{\boxed{\text{目的物(ベンゼン環)}}} \quad (\text{付加反応}) \quad (6\cdot2)$$

一方，(6・3)式などの置換反応や離脱反応は，目的物以外の脱離物質が必ず生じるので，その分だけ原子効率は低下する．

$$\underset{\text{C}_3\text{H}_7\,\,\,\,\text{Br}}{\overset{\text{H}_3\text{C}\,\,\,\,\text{H}}{\diagdown\text{C}\diagup}} + \text{NaOH} \longrightarrow \underset{\text{原子効率}=46\%}{\boxed{\underset{\text{HO}\,\,\,\,\text{C}_3\text{H}_7}{\overset{\text{H}_3\text{C}\,\,\,\,\text{H}}{\diagdown\text{C}\diagup}}}} + \text{NaBr} \quad (\text{置換反応}) \quad (6\cdot3)$$

また，高酸化状態の重金属イオンを化学量論的*に用いる酸化反応の例でも，還元された酸化剤が残るので，原子効率が低下する．

$$3\,\text{PhCHCH}_3 + 2\,\text{CrO}_3 + 3\,\text{H}_2\text{SO}_4 \longrightarrow 3\,\boxed{\text{PhCCH}_3} + \text{Cr}_2(\text{SO}_4)_3 + 6\,\text{H}_2\text{O} \quad (6\cdot4)$$
$$\overset{|}{\text{OH}} \qquad\qquad\qquad\qquad\qquad\qquad\qquad \overset{\|}{\text{O}}$$
〈分子量〉122　　100　　98　　　　　　　120　　　　　392　　　18

$$\text{原子効率} = \frac{3\times120}{3\times122 + 2\times100 + 3\times98} \times 100 = 42\%$$

ただし，縮合反応における水の脱離は原子効率を低下させるが，水が蒸発しても環境的な問題とはならないので，無視することとする．一方，無機塩類や有機脱離物質などの発生を抑えることは望ましい．

＊　反応式中の係数に応じた反応試薬の量を用いた反応のこと．

クリックケミストリー

バックルの両端パーツがカチッと音を立てて (click) 一瞬につながるように，分子の官能基どうしがすばやく，効率よく，しかも選択的に結合をつくる様子を，米国のシャープレス (K. B. Sharpless; 2001 年，キラル触媒による不斉酸化反応の開発の業績でノーベル化学賞を受賞した) は"クリック反応"と名付け[4]，現在，その化学 (クリックケミストリーとよばれる) が急速に展開している．

一般にクリック反応は，下記の特徴をもつ．

① 付加形式の反応で，脱離による副生物は一切生じないため，原子効率が 100%の反応である．
② 反応するパーツとして，おもにアルケンやアルキンなどの炭素−炭素多重結合を含む高エネルギー化合物が使われる．
③ 安定な炭素−ヘテロ元素 (N, O, S) 結合の生成を利用する．
④ 大きな発熱を伴う，熱力学的に有利な反応が選ばれる．
⑤ 水中での反応も可能である．

クリック反応のなかで，アジド化合物とアルキンの付加環化によりトリアゾール環が形成される反応が特に注目されている．このアジド−アルキンの付加反応は，**1,3-双極子付加反応**ともよばれ，熱的反応としてヒュスゲン (R. Huisgen) が詳しく調べた古典的な反応であるが[5]，2002 年に，シャープレスのグループ[6]とデンマークのメルダール (M. Meldal) のグループ[7]が，それぞれ銅(I)触媒を用いると，低温でも付加がすみやかに，しかも右式に示した向きで選択的に進むことを見いだした．

炭素−炭素三重結合やアジド基は，通常の合成反応に用いる反応剤や溶媒に対して不活性であるが，両者がふさわしい向きで近づいたときのみ反応する．また，エチニル基 ($CH \equiv C-$) やアジド基は小さく，ほぼ無極性で，水素結合を形成しにくい特徴から，生体分子にこれらを組込んでも，生体分子の構造特性を大きく変えることは少ない．一方，生成する窒素原子を三つ含むトリアゾール環は生物活性を示すことが多く，このクリック反応は，生物活性を示す化合物の合成，タンパク質やポリヌクレオチドの修飾機能化，色素の合成，ポリマーの高機能化，共有結合による表面構造修飾などの広い分野ですでに使われている[8]．

● 環 境 因 子

環境因子は次式で定義される.

$$\text{環境因子} = \frac{[\text{廃棄物の重量(kg)}]}{[\text{目的物の重量(kg)}]} \tag{6・5}$$

廃棄物にはおもに,① 反応で生じる無機塩類(たとえば,(6・3)式のNaBr),あるいは,② 反応後の中和操作で生じる無機塩類〔たとえば,後述するベックマン(Beckmann)転位反応などで反応促進剤として大量に使用した硫酸の中和塩($NH_4)_2SO_4$〕や,③ 化学量論的に使用された無機試薬類から生じる物質〔たとえば,(6・4)式右辺の硫酸クロム(Ⅲ)〕,④ 生成物の精製段階で使用したシリカゲルなどの分離剤,⑤ 反応後に廃棄される乾燥剤や溶媒などが含まれる.環境因子はゼロが理想値であるが,実際の化学工業では化学品の種類に応じて,表6・1のよ

表 6・1 化学品種別環境因子

化学品種	生産量(トン/年)	環境因子
石油精製品	$10^6 \sim 10^8$	0.1 以下
基礎化学品	$10^4 \sim 10^6$	1〜5
精密化学品	$10^2 \sim 10^4$	5〜50
医薬品	$10 \sim 10^3$	25〜100 以上

うな値が見積もられている.表の下方に位置するいわゆる付加価値の高い化学品の製造ほど,廃棄物の相対比が大きくなっている.これは,高付加価値品の製造では工程数が多いこと,また触媒反応よりも化学量論的な反応の利用の多さが大きな原

不 斉 合 成

炭素原子の4種類の置換基がすべて異なるときこの炭素原子を**不斉炭素原子**という.不斉炭素原子をもつ分子にはちょうど左手と右手のように互いに重ねることのできない**鏡像異性体**(enantiomer)があり,それぞれを***R*体**あるいは***S*体**とよぶ.図aにはアミノ酸のアラニンの*R*体と*S*体を示した.また,不斉炭素原子をもたない有機化合物でも,**軸不斉**とよばれるC−C単結合のまわりの回転の制約により生じる鏡像異性体がある.図bにあるビナフチル基をもつ化合物(BINAP)がその例である.

化学合成技術の進歩により,立体配置を問わなければ,化学式どおりのものをつくることはそれほど難しくはなくなっている.しかし,*R*体あるいは*S*体のいずれかの化合物だけを選択的につくることは有機合成の大きな関門であった.*R*体ある

6・1 化学合成のグリーン度を評価する新しい尺度

いは S 体は,片方が生理活性を有するがもう一方は不活性であるものが多いために,かつては合成された化合物の R, S 体混合物をそのまま医薬品として使っていた. ところが,なかには,R 体と S 体とでまったく異なる作用をもち,一方が生物にとってきわめて有害なものがあることがわかってきた. たとえば,睡眠薬のサリドマイドは,鎮静作用をもつ R 体の化合物とともに催奇性をもつ S 体の化合物を含んで

(a) アラニンの R 体および S 体の構造
 (S 体が天然のアミノ酸)

(b) BINAP の S 体および R 体の構造
 (Ph: フェニル基)

(c) 天然の l-メントールの構造

図 不斉炭素原子をもつ分子と軸不斉分子 BINAP 分子の二組のナフタレン環は立体的な制約から同一平面上には並べず,単結合の周りにねじれた配置をとっているため,鏡像異性を示す立体構造となる.

いたために,多くの障害をもつ子供が生まれるという悲劇をもたらした(実際には R 体も体内で徐々に S 体に変化することがわかっている). そのようなことを再び起こさないように,R 体,S 体いずれか一方だけをつくる手法(**不斉合成法**)が有機化学者により開発され,今日では不斉合成あるいは不斉分割(合成後に R 体と S 体に分ける手法)により得られた一方の鏡像異性体のみを医薬品として使うことが一般的となった. 有害なものを生成することなく有用な一方の鏡像異性体のみをつくることができ,廃棄物が少ない(環境因子が小さい)という点で,不斉合成法は環境にやさしい手法といえる.

野依良治は,図 b で示した BINAP と,ロジウムやルテニウムなどの遷移金属イオンとの錯体を水素化触媒として用い,鏡像異性体の一方だけを得る手法(不斉水素化法)を確立した. これにより,さまざまなカルボニル化合物からアルコールへの不斉水素化が可能となり,医薬品のみならず香料や農薬などの工業的生産に大きな進歩をもたらした. また,この不斉触媒を用いて,l-メントール(図 c)が工業的に製造されている. 野依は,このような優れた不斉合成法の開発の功績により,米国の二人の化学者,ノールズ(W. S. Knowles),シャープレス(K. B. Sharpless)とともに 2001 年のノーベル化学賞を受賞した.

因である．これらの化学品は市場価格が高いために，廃棄物の処理などの費用が多くかかっても，十分利益を上げられるので，高い環境因子値は見過ごされてきたが，今後これらの製造分野においても，廃棄物を極力出さないグリーン化が強く求められている．

このほかにも，反応プロセスで使われる消費エネルギーとその際の排出物（多くは二酸化炭素）や，反応試薬，反応媒体の安全性，取扱いやすさなども考慮すべきである．また，廃棄物は単に重量だけに着目するのではなく，その毒性やリサイクルの可能性などの因子を加味して評価する必要もある．しかし，これらの因子の数値化はいろいろな判断が加わり単純ではないので，ここでは上記二つの尺度から考えることにする．

6・2 触媒的酸化反応の実現
● 炭素原子の酸化数

一般に金属塩中の金属原子の**酸化数**（oxidation number）は，その価電子数から容易に知ることができる．一方，有機化合物中の炭素原子の酸化数はわかりにくい．しかし，炭素原子の示す酸化数を意識すると，有機化合物が"酸化された"，あるいは"還元された"というときの化学変化を理解しやすくなる．

有機化合物中の炭素原子の酸化数（**酸化度**とよばれることもある）は，炭素原子上の四つの結合に対して，C−H結合に−1，C−C結合に0，C−X結合（Xは炭素原子よりも電気陰性度の高いヘテロ原子[*]）に+1をそれぞれ与え，それらを合計することで求められる．なお，N重結合（たとえば二重結合：C=X）は，その単結合（C−X）がN個（2個）存在すると考える．

たとえば，メタン（CH_4）の炭素原子の酸化数は−4，グラファイトでは0，二酸化炭素では，+4となる．メタン中の炭素は最も酸化数の低い（最も還元された状態の）炭素原子，二酸化炭素中の炭素は最も酸化数の高い（最も酸化された状態の）炭素原子である．したがって，メタンを"酸化する"と二酸化炭素が生じ，二酸化炭素を"還元する"とメタンになることも容易に理解できる．

酸化反応は，基礎化学品から精密化学品・医薬品に至るまでの多くの物質生産における最も重要な反応形式の一つである．炭化水素骨格に酸素原子やその他のヘテロ原子を組入れる反応，炭化水素から水素原子を脱離する反応，窒素や硫黄などのヘテロ原子に酸素を結合させてその酸化数を増す反応など，酸化反応は多岐にわた

---

[*] 有機化学では，炭素，水素以外の原子をヘテロ原子とよぶ．無機化学では他の用法もある（ヘテロポリ酸の例，p.144）

る．特に，実験室における合成や小規模の合成プロセスでは，酸化剤を化学量論的に利用することが多い．酸化剤はクロムやマンガンなどの重金属元素やハロゲンを含むものが多く，使用後は廃棄物となり，その量や処理法がしばしば問題となる．したがって，グリーンケミストリーの推進には，効率的な触媒的酸化反応を新たに見いだすことが強く求められている．

● **アルコールの触媒的酸素酸化**

(6・4)式に示したクロム酸を用いたアルコールからカルボニル化合物への酸化反応は，毒性の高い重金属塩を大量に排出し，環境に負荷を与える点，反応の原子効率が低い点，さらに環境因子値が小さくない点から，最もグリーン化が求められる反応の一つである．

クリーンな酸化法としては，重金属化合物の代わりに，分子状酸素の酸化力を用いる方法（(6・6)式）が理想的といえる．なぜならば，この酸化反応からの副生物は水のみだからである．

$$2\,\text{PhCHCH}_3 + \text{O}_2 \xrightarrow{\text{触媒}} 2\,\underset{\text{目的物}}{\text{PhCCH}_3} + 2\,\text{H}_2\text{O} \quad (6\cdot6)$$
$$\underset{\text{OH}}{} \qquad\qquad\qquad \underset{\text{O}}{\|}$$

〈分子量〉 122　　32　　　　　　120　　　18

$$\text{原子効率} = \frac{2\times120}{2\times122+32}\times100 = 87\%$$

しかし，酸素の酸化力が高く，生成物がさらに酸化されてしまうために[*1]，欲しいもののみを選択的につくりだすことは大変難しかった．

分子状酸素による選択的な酸化反応では，1990年代から遷移金属触媒，特にルテニウムやパラジウムイオンを含む均一系錯体触媒が開発された（p.135 コラム参照）．これらの触媒反応では，有機塩基や無機塩基を添加する必要があることや，反応後に触媒の回収が難しいという実用上の問題があった．そこで，酸化条件下でも安定な無機結晶の表面に，酸化触媒作用を示す金属イオンを組込んだ不均一系触媒が開発された．

金田清臣[*2]らは[9)~11)]，生体骨組織の主成分であるヒドロキシアパタイト（HAP）$\text{Ca}_{10}(\text{PO}_4)_6(\text{OH})_2$（図6・1）がカチオン交換能をもつリン酸塩化合物であることに着目した．塩化ルテニウムを用いて，HAPのリン酸基にカルシウムの代わりにル

[*1] 最終まで酸化が進むと，完全燃焼となる．
[*2] 2001年度グリーン・サステイナブルケミストリー（GSC）賞受賞．

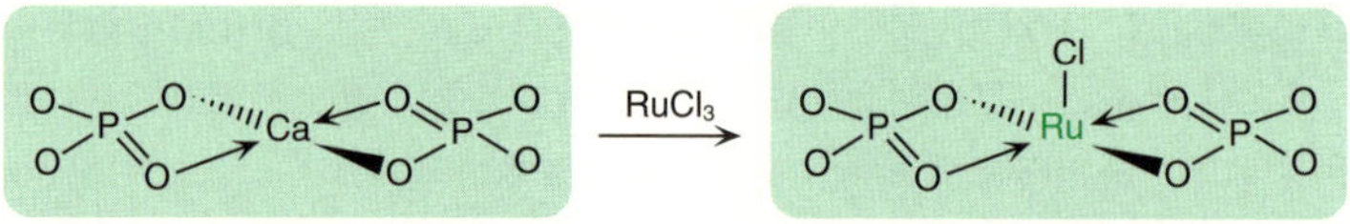

図 6・1 ヒドロキシアパタイト固定塩化ルテニウム触媒

テニウムイオンを配位させ、ルテニウムリン酸錯体（Ru-HAP）とした（図6・1）。この活性なルテニウムイオン種が高い酸化触媒活性を示すと考えられている。

Ru-HAPを触媒として、常圧の酸素ガスあるいは空気中でアルコールを酸化すると、アルデヒドやケトンが高収率で得られる（表6・2）[9]。第一級アルコールか

表 6・2 **Ru-HAP** 触媒によるアルコールの酸素酸化

アルコール	生成物	収率(%)
ベンジルアルコール (PhCH2OH)	ベンズアルデヒド (PhCHO)	99
シンナミルアルコール	シンナムアルデヒド	99
1-オクタノール	オクタナール	94
1-フェニルエタノール	アセトフェノン	98
2-オクタノール	2-オクタノン	96

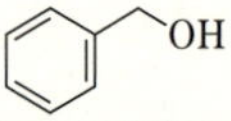

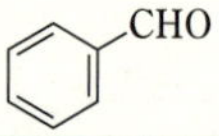

らはアルデヒドのみが得られ、さらに酸化されたカルボン酸の生成が抑えられる高い選択性も注目される。

$$\text{PhCH}_2\text{OH} + \frac{1}{2}\text{O}_2 \xrightarrow[\text{トルエン, 80 ℃, 3 h}]{\text{Ru-HAP}} \text{PhCHO} + \text{H}_2\text{O} \quad \text{収率 99\%}$$

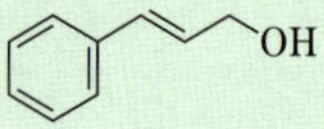

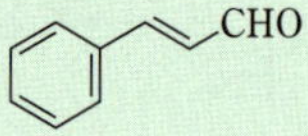

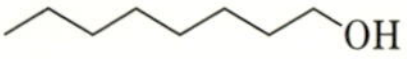

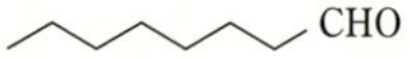

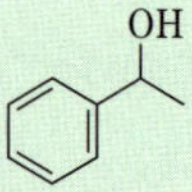

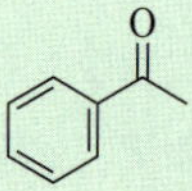

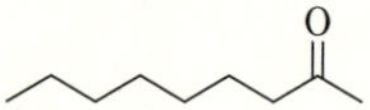

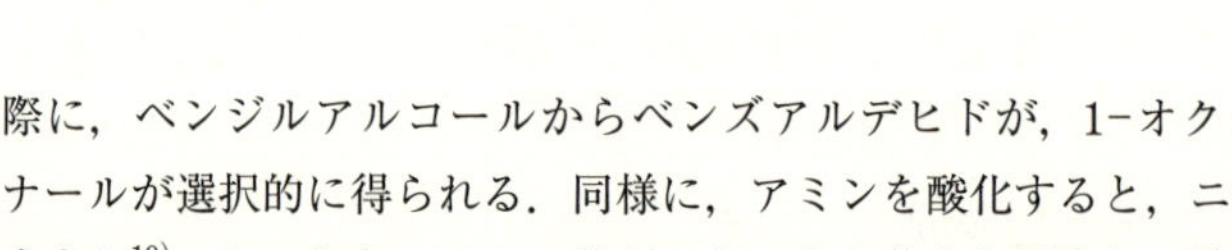

実際に、ベンジルアルコールからベンズアルデヒドが、1-オクタノールからオクタナールが選択的に得られる。同様に、アミンを酸化すると、ニトリルやアミドが生成する[10]。このとき、アミノ基がヒドロキシ基より優先して酸化される点も注

均一系触媒と不均一系触媒

化学的組成と物理的状態がすべてにわたって一様な物質の状態を，一般に"相"とよぶ．触媒化学では，触媒物質と反応物が均一に混ざり合い，同一相で進む反応を**均一系触媒反応**，異なる相どうしで進む反応を**不均一系触媒反応**とよぶ．

たとえば有機配位子で囲まれた遷移金属錯体は有機溶媒に溶けやすく，液相の反応物に作用し，均一系触媒としてはたらく．これに対し，この金属錯体をヒドロキシアパタイトやシリカのような固体物質（担体）表面に結合させた（これを，**固定化**あるいは**担持**という）触媒は固体（固相）となるため，液相や気相の反応物に対して不均一系触媒としてはたらくことになる．

均一系触媒はふつう分子性化合物のため均質であり，すべての分子が有効にはたらく．比較的低温反応で用いられ，反応の選択性が高い．また，触媒反応の機構を調べやすい反面，触媒の生成物からの分離や回収が難しいという欠点がある．一方，不均一系触媒は，担持された金属微粒子や金属酸化物であることが多く，その表面の成分のみが触媒として有効である，触媒の本質を調べにくい，反応性は高いが選択性が低いなどの欠点をもつ．その反面，高温にも耐えられる，生成物から分離しやすく，再使用が可能などの優位性がある．

目される*．

$$H_2N-C_6H_4-CH_2OH \xrightarrow[O_2, 90\,^\circ C]{Ru-HAP} NC-C_6H_4-CH_2OH \quad 収率\ 99\%$$

$$\text{(Py)}-CH_2NH_2 \xrightarrow[O_2, 120\,^\circ C]{Ru-HAP} \text{(Py)}-CN \xrightarrow[O_2, 160\,^\circ C]{Ru-HAP} \text{(Py)}-CONH_2 \quad 収率\ 91\%$$

HAP のカルシウムイオンをパラジウムイオンに交換した Pd-HAP を触媒として常圧の酸素中で，1-フェニルエタノールを酸化すると，アセトフェノン生成量は

$$C_6H_5-CH(OH)-CH_3 + \frac{1}{2}O_2 \xrightarrow[無溶媒, 160\,^\circ C]{Pd-HAP} C_6H_5-CO-CH_3 + H_2O \quad TON = 236{,}000$$

---

* アミノ基の方がヒドロキシ基よりも触媒金属中心のルテニウムイオンに強く配位するため，酸化作用を受けやすくなる．

Pd 1 原子あたり 24 時間で 236,000 分子（TON とよぶ．p.149 脚注参照）にも達した[11]．

このように無機結晶に遷移金属イオンを固定すると，固体表面の独特の構造に由来する協働効果も加わって，高い酸素酸化触媒特性が現れたと考えられている．これらの不均一系触媒は常圧の酸素を酸化剤として利用できる利点のほかに，① 触媒の調製が容易，② 穏やかな反応条件で高い触媒活性が現れる，③ 反応後処理も簡便である，④ 触媒が無害かつ再使用可能，などの特徴をもっている．

● **アルカンの触媒的酸素酸化**

前節では，アルコールから触媒的な酸化反応でアルデヒドやケトンを高い原子効率でつくりだす新しい酸化触媒系について述べた．それでは，アルコールに比べてより還元された状態のアルカンを直接酸素酸化，すなわち分子骨格中に酸素官能基を導入することは可能であろうか．

分子状酸素によるアルカンの酸化法は，**ラジカル自動酸化反応**（radical autoxidation）とよばれ，古くから知られていたが，種々のラジカル中間体を発生するために，目的とする酸化生成物のみをつくりだすことは難しかった．

石井康敬*ら[12)~15)]は，N-ヒドロキシフタルイミド（NHPI）が酸素分子により容易に水素原子を引抜かれ，フタルイミド N-オキシル（PINO）を発生し，これがアルカンから水素原子を引抜き，触媒的にアルキルラジカルを生成すると同時に

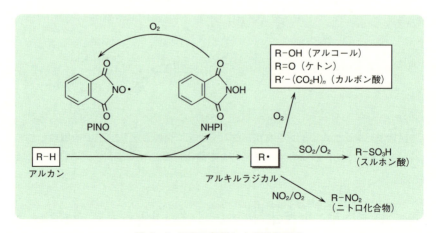

図 6・2　NHPI 触媒による酸化反応

---

* 2003 年度 GSC 賞受賞．

NHPI を再生することを見いだした[12]. すなわち, NHPI はアルキルラジカルを生成する画期的な触媒としてはたらいている. しかも, 生成したアルキルラジカルは酸素分子に付加して, 対応する酸化生成物を与える (図6・2).

たとえば, フルオレンを NHPI 触媒の存在下, 常圧の酸素と反応させると, 酸化されたフルオレノンが高い収率で得られる.

$$\text{フルオレン} \xrightarrow[100\,^\circ\text{C}]{\text{NHPI, O}_2(1\,\text{atm})} \text{フルオレノン} \quad \text{収率 80\%}$$

より実用的な酸化例として, シクロヘキサンからアジピン酸の一段製造をみてみよう.

アジピン酸は, ナイロン 66 の原料であり世界で年間 250 万トン以上製造されている基礎化学品である (p.163 参照). 従来の工業的製法は, ① シクロヘキサンを高温高圧下, 空気酸化してシクロヘキサノンとシクロヘキサノールの混合物をつくり, ② これを硝酸で酸化してアジピン酸を製造するものである.

$$\text{シクロヘキサン} \xrightarrow[170\,^\circ\text{C}]{\text{Co 触媒} \atop \text{空気(10 atm)}} \{\text{シクロヘキサノール} + \text{シクロヘキサノン}\} \xrightarrow[\text{酢酸, 100\,}^\circ\text{C}]{\text{Cu-V 触媒} \atop \text{HNO}_3} \text{アジピン酸}$$

この製法では ① の空気酸化の収率が 3〜5% ときわめて低いこと, ② の過程のために高価な耐腐食性反応器を使わなくてはならないこと, 副生する窒素酸化物を処理するのに費用がかかることなどの大きな問題があった.

一方, シクロヘキサンを NHPI 触媒とコバルトおよびマンガンの塩を組合わせた触媒を用い, 酢酸中 100 ℃以下の穏やかな条件で, 常圧空気により酸化すると, 直接アジピン酸が得られ, 従来法の問題が解決された[13]. 現在, この製造法のプロセス化が検討されており, 環境調和型酸化技術として大いに期待されている*.

$$\text{シクロヘキサン} \xrightarrow[\text{酢酸, 100\,}^\circ\text{C}]{\text{NHPI 触媒} \atop \text{Co/Mn 触媒} \atop \text{O}_2(1\,\text{atm})} \text{アジピン酸} \quad \begin{array}{l} \text{転化率} \sim 73\% \\ \text{選択率} \sim 73\% \end{array}$$

---

* 過酸化水素を酸化剤とする触媒反応で, シクロヘキセンからアジピン酸を合成する方法も開発されている. 詳しくは, p.139, "過酸化水素による触媒的酸化" を参照のこと.

アダマンタンは原油中に含まれる，第二級と第三級炭素で構成された立体的な多環式シクロアルカンである．第三級炭素上にヒドロキシ基をもつアダマンタンポリオール類は，このアダマンタンを大量の臭素を用いて臭素化し，化学量論量の硝酸銀で加水分解する方法でつくられてきた．この場合，逐次的な臭素化はその置換度が増すとともに困難となること，また大量の臭化物，硝酸塩，銀塩が廃棄されるなどの問題点から，アダマンタンポリオール類は高価な材料となっていた．

アダマンタンを，NHPI 触媒とバナジウム触媒を組合わせて，常圧酸素により酸化すると，もっぱら第三級炭素の位置がヒドロキシ化されたポリオール体が生成する[14]．

従来の自動酸化法を用いると，第三級炭素（4箇所）と第二級炭素（6箇所）上のヒドロキシ基の生成比が約3であったのに対して，NHPI 法では31と高選択的である．このため，高次酸化物の製造を含むアダマンタンポリオールの工業的製造が可能となり，現在，フッ化アルゴン（ArF）エキシマーレーザー用のフォトレジストポリマー原料として供給されている．

NHPI 触媒によって生成するアルキルラジカルは，酸素酸化反応以外にもさまざまな利用法が開発されている．

アダマンタンに NHPI 触媒と $VO(acac)_2$* 塩を組合わせ，二酸化硫黄と酸素を共存させて用いると，低温で第三級炭素がスルホン化される．

---

* アセチルアセトン（$CH_3COCH_2COCH_3$）の CH_2 基からプロトンが1個解離した陰イオンは，アセチルアセトナト配位子（acac と略記）とよばれ，2個の酸素原子で金属イオンを挟み込んだ金属錯体をつくる．

$VO(acac)_2$

同様に，アルカンに NHPI 触媒と二酸化窒素を加え，常圧酸素下，70 ℃程度の加熱でニトロアルカンが得られる．

$$\text{シクロオクタン} + NO_2/O_2 \xrightarrow[70\,°C]{\text{NHPI 触媒}} \text{ニトロシクロオクタン} \quad \text{収率 50\%}$$

ベンゼンなどの芳香族炭化水素のスルホン化やニトロ化反応は，有機化学の基本的な反応で，方法論として確立している．これに対して，アルカンのスルホン化やニトロ化は古くから研究されてはいたが，優れた方法はこれまでなかった．この NHPI 触媒によるアルカンの官能基化はまさに画期的な酸化法といえる．

テレフタル酸は PET 樹脂の原料として世界で年間 4000 万トン以上も生産されている基礎化学品である．その多くは，酢酸溶媒中，コバルトおよびマンガンの酢酸塩を触媒とし，さらに臭化アンモニウムとテトラブロモエタンを共存させ，加圧下 200 ℃，p-キシレンの空気酸化でつくられている．この製法の欠点は，ブロモメタンの副生や，臭化物イオンの強い腐食性に耐えられる高価な反応器を使わねばならないことである．しかし，NHPI と同様なヒドロキシイミノ基をもつ N,N,N-トリヒドロキシイミノシアヌル酸（THICA）を用いて，$Co(OAc)_2$ および $Mn(OAc)_2$ 触媒の存在下，p-キシレンを常圧で酸素酸化してテレフタル酸を高収率で直接製造し，しかもハロゲンを加えなくてもよいプロセスが見いだされた[15]．

$$\underset{p\text{-キシレン}}{CH_3\text{-}\bigcirc\text{-}CH_3} + O_2 \xrightarrow[\text{酢酸, 100 °C}]{\substack{\text{THICA 触媒}\\ Co(OAc)_2\text{ 触媒}\\ Mn(OAc)_2\text{ 触媒}}} \underset{\text{テレフタル酸}}{HO_2C\text{-}\bigcirc\text{-}CO_2H} \quad \text{収率} > 95\%$$

THICA: 1,3,5-トリヒドロキシイソシアヌル酸

● **過酸化水素による触媒的酸化**

過酸化水素は，反応後に水以外の副生物を生じないクリーンな酸化剤であり，酸素と同様にその活用が期待されている．しかし，その酸化力は比較的弱く，酸化反応に利用するためには，その酸化力を増大させる触媒が必要となる．

過酸化水素を酸化剤として，アミノメチルホスホン酸（$NH_2CH_2PO_3H_2$）と第四級

アンモニウム硫酸水素塩（$R_4N^+HSO_4^-$）とタングステン酸ナトリウム（Na_2WO_4）の組合わせによるエポキシドの合成，$R_4N^+HSO_4^-$ と Na_2WO_4 を用いたシクロヘキセンからアジピン酸の合成，高分子スルホン酸（ⓟ-SO_3H）を用いたジオール合成，0価白金触媒によるアリルアルコールの酸化反応などに利用できることが見いだされた[16]（図6・3）．これらの反応は，水中で行われ有機溶媒を必要としない点，水以外の副生物がない点でも注目されている．

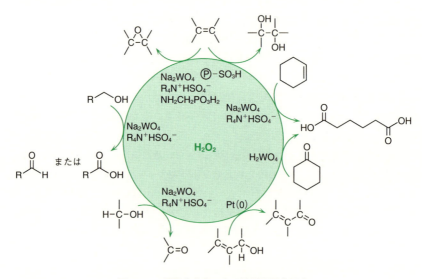

図 6・3　過酸化水素による触媒的酸化反応

過酸化水素の現在の製造価格は100%濃度換算で80円/kg程度であり，分子状酸素に比べると必ずしも安い酸化剤ではないが，より安価に製造する研究も行われており，このクリーンな酸化反応は今後より多く利用されると予想されている．

6・3　グリーンケミストリーの考え方に合致した工業化プロセス
● 金が示す酸素酸化触媒作用：メタクリル酸メチル製造への利用
　煌びやかな輝きを放つ金は化学的作用が乏しく極めて安定なために，装飾にもっぱら使われてきた．しかし，1987年春田正毅らは安定な金を酸化鉄上で2〜6ナノメートルに微粒子化すると，−70℃という低温でも一酸化炭素は100%二酸化炭素に酸化されると報告した[17]．このサイズまで微粒子化すると，内部に比べて表面を

占める金原子の割合が増える．つまり配位不飽和状態の金原子が増えると，大きな塊のときは安定であった金も優れた触媒作用を示すようになる．金を微粒子として保持するための卑金属酸化物担体（たとえば，酸化鉄，酸化チタン，酸化ニッケルなど）の選択も，反応に応じて重要となる．金による触媒反応は気相中，水中ともに進むことも魅力的である．いくつかの酸素酸化反応の例を表6・3に示す．

表6・3 金触媒による酸素酸化反応例

金触媒	酸素酸化反応	反応相	反応温度
Au/TiO_2, Au/Fe_2O_3[17]	$CO + \frac{1}{2}O_2 \longrightarrow CO_2$	気相	室温
Au/CeO_2[18]	$HCHO + O_2 \longrightarrow CO_2 + H_2O$	気相	室温
Au/NiO[19]	$CH_3(CH_2)_7OH + O_2 \longrightarrow CH_3(CH_2)_6CO_2H + H_2O$	液相	100℃

旭化成は，金触媒によってメタクロレインからメタクリル酸メチル（MMA）を製造する化学プロセスを開発した[20]．MMAは透明で硬度が高い丈夫なアクリルガラスをつくるための原料となる．この製造法では，メタクロレインにメタノールが付加して生じるヘミアセタールを，金-酸化ニッケル触媒で酸化的に脱水素してMMAを生産する．本触媒は，2008年に年産10万トンのMMA製造プラントにて

メタクロレイン　　　ヘミアセタール　　　MMA

実用化され，高選択性・高活性・長期触媒寿命などの優れた実用的成果を得て，省エネ・省資源化と，高い経済性を実現した．従来MMAはアセトン，猛毒のシアン化水素と硫酸を用いて製造されており，金触媒法は安全面や環境面での問題も解決した．

● 硫酸アンモニウムを副生しないε-カプロラクタム製造プロセスの
　　　　　　　　　　　　　　　　工業化：気相ベックマン転位

ε-カプロラクタムは世界で年間400万トン以上生産され，そのほとんどがポリアミドのナイロン6の原料として使われている（p.163参照）．ナイロン6の用途は，繊維や樹脂として，また医療，自動車，電機部品，食品包装用フィルムなど多岐にわたる．

ε-カプロラクタムは，発煙硫酸を用いたシクロヘキサノンオキシム（以下オキシムと省略）のベックマン転位反応を用いて工業的に生産されてきた．硫酸などの液体酸は，均一系酸触媒としてさまざまな化学プロセスに利用されている．しかし，液体酸を使用した場合，反応装置が腐食しやすい，生成物から液体酸の分離・再生が難しい，酸廃液が多量に出るなどの問題点がある．ベックマン転位反応では，使用後の硫酸をアンモニアで中和除去する必要があり，生成する硫酸アンモニウム（硫安）の量は，ベックマン転位工程だけでも，ε-カプロラクタムの 1.7 重量倍にもなる．これが ε-カプロラクタムの収益を大きく左右する．

そこで，液体酸を固体の酸性物質（**固体酸**とよばれる）に替えられないかという研究が行われた．住友化学は，このベックマン転位反応を，硫酸の代わりに固体 MFI 型高シリカゼオライト触媒（図 6・4）に置き換えて，気相反応（350 ℃）で実施する新しい触媒反応プロセスの開発に成功した*（2003 年より ε-カプロラクタムの生産を始め[21)]，2014 年現在，年間 85,000 トンの生産能力がある）．

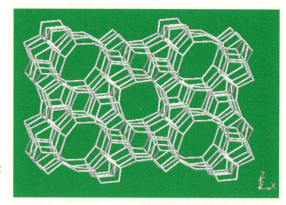

図 6・4　MFI 型高シリカゼオライトの結晶構造
（細孔径の大きさ：0.56×0.53 nm, 0.55×0.51 nm）

原料となるオキシムの製造には，イタリアの EniChem 社で開発されたアンモキシメーション法とよばれるプロセスが使われている．シクロヘキサノン，アンモニアおよび過酸化水素を，t-ブチルアルコール/水混合物中で触媒の MFI 型ゼオライト（TS-1；チタノシリケートゼオライト．細孔構造は図 6・4 の構造と同じ）を加え，常圧 80 ℃で反応させるとオキシムが高収率で生成する．この反応では，アンモニアがゼオライト触媒中に含まれるチタンイオン上で過酸化水素と反応してヒドロキシルアミンに変換され，そのヒドロキシルアミンはシクロヘキサノンとただ

＊　2004 年度 GSC 賞受賞．

ちに反応するため，オキシムができる．この際の副生物は水のみである（図6・5）．

オキシムを ε-カプロラクタムへ変換する工程は，つぎのように行われている．触媒のMFI型高シリカゼオライトを詰めた反応器を350℃に温め，そこへオキシムとメタノールの混合蒸気を供給すると，転位反応が起こり，ε-カプロラクタムが生成する（図6・5）．

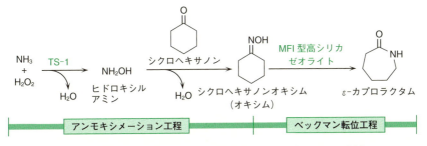

図 6・5　固体 MFI 型ゼオライト触媒を用いた ε-カプロラクタム製造

ベックマン転位は酸によってひき起こされる反応である．ゼオライトは，そのシリカ骨格のケイ素原子の一部をアルミニウム原子に置き換えると，酸性が強くなることが一般に知られている．しかし，MFI型ゼオライト触媒を用いて気相ベックマン転位反応を行うと，おもしろいことにゼオライト中のアルミニウム原子を極力減らしたものの方が，転位反応の選択率が上がるばかりか，反応率も向上する．住友化学では，ケイ素/アルミニウム原子比が10万以上のMFI型高シリカゼオライトをつくり，実際のプロセスで用いている．反応率を下げずに，オキシムの選択率をさらに向上させるには*，さらにメタノールの共存が必要である．メタノールは，触媒ゼオライトの表面に存在するシラノールをメチルエーテル化して（≡Si-OH → ≡Si-OCH$_3$），シラノールの酸としてのはたらきで副生物ができる反応を抑えている．

以上の ε-カプロラクタム製造プロセスは，水のみが副生物であり，原子効率が高いだけではなく，環境因子も減少した優れた化学プロセスといえる．

ベックマン転位反応には，硫酸などの酸触媒が必要不可欠だとの固定観念を捨てて，むしろ酸性質を極力取除いた，シリカでできた中性のゼオライト触媒を使った方がよいというこの発明は，発想の転換の大事さをわれわれに教えてくれた好例で，触媒化学の発展からみても意義深い．

---

* ベックマン転位反応では一般に，不飽和ニトリルや加水分解によるケトンの副生が起こりやすい．

● 固体ヘテロポリ酸触媒によるエチレンからの酢酸エチル製造プロセス

古くから知られている固体酸として,2種以上の無機酸素酸が縮合して生成した分子性の**ヘテロポリ酸**($H_3[PW_{12}O_{40}]$ や $H_4[SiW_{12}O_{40}]$ など,ポリオキシメタラート,**ポリオキソ酸**ともよばれる)がある(図6・6).ヘテロポリ酸分子を構成する元素のうち,少ない元素の方を**ヘテロ原子**,もう一方を**ポリ原子**とよぶ.これらのヘテロポリ酸は濃硫酸よりも強い**ブレンステッド酸**(Brønsted acid)として作用することが知られており[22],工業的にも利用されている.

ヘテロポリ酸は多くの極性溶媒に可溶であるため,均一系酸触媒として,プロピレンへの水和によるイソプロピルアルコール(2-プロパノール)製造法,テトラヒドロフランの開環重合によるポリオキシテトラメチレングリコール製造法などの化学プロセスに使われている.

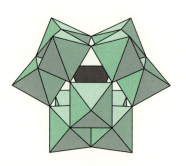

図6・6 代表的なヘテロポリ酸 $H_3[PW_{12}O_{40}]$ の分子構造 分子骨格は1個の四面体リン酸イオンのまわりに,12個の八面体タングステートイオンが縮合してできている.これをケギン(Keggin)構造とよぶ.

一方,ヘテロポリ酸を固定化(不均一系化)することもはかられている.エチレンと酢酸から酢酸エチルを製造する反応に,$H_4[SiW_{12}O_{40}]$ をシリカに担持した[*1]触媒を使用する工業プロセスが昭和電工[*2]によって開発された[23].

酢酸エチルは優れた溶媒として,塗料,印刷用インキ,接着剤などに広く用いられている.その製造法としては,硫酸触媒で酢酸をエタノールでエステル化するものが代表的である.

$$CH_3CO_2H + CH_3CH_2OH \xrightleftharpoons{H_2SO_4} CH_3CO_2CH_2CH_3 + H_2O$$

この方法では,エステル化が平衡反応であるために,未反応のエタノールや副生する水を除去せねばならないことや,硫酸の処理が問題となる.

[*1] $H_4[SiW_{12}O_{40}]$ の微粒子を多孔質のシリカ表面にまぶすこと.
[*2] 2006年度 GSC 賞受賞.

これに対して，エチレンと酢酸からの酢酸エチルの合成は，付加型反応のため原子効率は100%であり，酢酸やエチレンを原料としてもつ化学企業には有利な反応となる．

$$CH_3CO_2H + H_2C=CH_2 \xrightarrow{\text{ヘテロポリ酸}} CH_3CO_2CH_2CH_3$$

ヘテロポリ酸をシリカに担持した触媒は，担持しない形のものに比べて，数十倍触媒活性が増大する．また他の代表的な固体酸，リン酸やNafion*をシリカに担持した触媒よりも高い触媒活性を示している（表6・4）．

表 6・4 固定化酸触媒による酢酸エチル合成

酸触媒/担体	収率(%)
ヘテロポリ酸/SiO_2	>50
Nafion/SiO_2	3
H_3PO_4/SiO_2	1

● ホスゲンを用いないポリカーボネートの製造法

ポリカーボネート（PC）は，高い光透過性，低い吸水性，強靱性があることから，コンパクトディスクやDVDなどの記録媒体用基板として利用されている．現在，世界中で年間約350万トンが生産され，今後も需要の伸びが期待されている光学材料である．

ポリカーボネート（PC）の化学構造

かつて，世界のPCの90%以上は，ホスゲンとビスフェノールAとの重縮合によるホスゲン法でつくられていた．

$$n\, Cl-\underset{O}{\overset{\|}{C}}-Cl + n\, HO-\text{Ar}-C(CH_3)_2-\text{Ar}-OH \xrightarrow{2n\, NaOH} PC + 2n\, NaCl + 2n\, H_2O$$

ホスゲン　　　　ビスフェノールA

---

* ペルフルオロアルキルスルホ基を有するフッ素樹脂．フッ素の電子求引効果により，通常の強酸性樹脂よりも酸性が強く，固体酸触媒としても利用される．

沸点が8℃のホスゲンは，第一次世界大戦で毒ガスとして使われたことからもわかるように猛毒であるが，反応性が高く，ビスフェノールAとの縮合反応はすみやかに進む．また，重合反応は水酸化ナトリウム存在下で行うため，塩化ナトリウムが副生する．

ホスゲン法のプロセスの問題点は，次のとおりである．

① 猛毒のホスゲンガスを使用する．ホスゲンは，また有毒な一酸化炭素と塩素から合成される．
② 発がん性が疑われている塩化メチレンを溶媒として多量に使用する．しかも塩化メチレンは水に溶けるため，完全な回収が難しい．
③ 塩化ナトリウムなどの廃棄物や排水が多い．
④ 製造されるポリマー中に，ホスゲン，塩化メチレン由来の塩素不純物が残留しやすいので，光学材料として使用する場合には，徹底的に洗浄する必要がある．

旭化成*は，ホスゲンや一酸化炭素などの有毒ガスを使わず，また不純物となるハロゲン化合物を一切使わないという基本方針のもと，二酸化炭素とエチレンオキシドおよびビスフェノールAを原料として，複数の反応の組合わせを経て，ポリカーボネートとエチレングリコールを最終製品とする化学プロセスを完成させた（図6・7）[24]．

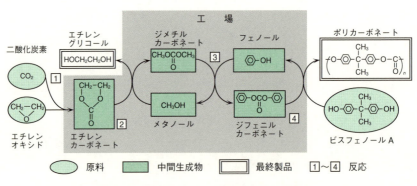

図6・7　ポリカーボネート製造プロセス（旭化成）

二酸化炭素やエチレンカーボネート中のC=O基は$C^{\delta+}=O^{\delta-}$のように分極しているため，その炭素原子は求電子性を示し，エチレンオキシドやメタノール中の酸

＊　2002年度GSC賞受賞．

素原子による攻撃を受けやすい．よって二酸化炭素とエチレンオキシドからは，エチレンカーボネート（EC）が生成する．

O=C=O → （エチレンカーボネート構造式）

エチレンオキシド　　エチレンカーボネート

つぎに，カーボネートのエステル交換反応を繰返すことで，ジメチルカーボネート（DMC），ジフェニルカーボネート（DPC）を経て，ポリカーボネートがつくられる．ここで，EC，DMC，DPCへと，より反応性の高いカーボネートへ順次変換していく巧妙な仕掛けに注目する必要がある．また，原料の二酸化炭素はエチレンオキシドの製造の際に発生するものが使われており，生成するエチレングリコールは純度が高く，これも商品価値が高い製品となる．

この方法は，有毒・有害な物質を含まず，反応溶媒を使用せず，廃棄物や排水がなく，しかも工場より大気に放出していた二酸化炭素を利用するという，まさにグリーンケミストリーの考え方に則った理想的な化学プロセスとなっている．

● **菌体触媒によるアクリルアミド製造**

通常の化学プロセスでは，一般に無機触媒を用いて，高温・高圧下で反応を行うことが多い．一方，酵素などが関与するバイオ触媒反応は，生体内と同様に，常温・常圧下ですみやかに進むため，省エネルギーともいえる．また，反応物選択性*は，無機触媒よりもはるかに高いが，生成物の濃度は，概して低い．さらに，バイオ触媒反応は水中で進むため，有害な有機溶媒を用いないで済む長所もある（表6・5）．一方で，工業用触媒としてバイオ触媒の利用を考えると，高温，強ア

表 6・5　無機触媒反応とバイオ触媒反応の比較

	無機触媒反応	バイオ触媒反応
反応条件	高温・高圧	常温・常圧
反応特異性	低い	高い
反応物選択性	低い	高い
反応物・生成物濃度	高い	やや低い
溶媒系	おもに有機溶媒	おもに水
触媒コスト	低い	やや高い

---

*　反応する物質が特定のものに限られること．

ルカリ性・強酸性の反応条件や，有機溶媒中では失活するという欠点があるほか，反応後バイオ触媒を再利用せずに廃棄することが一般的であり，バイオプロセスはコスト面での短所が問題視されることもある．

菌体触媒反応とは，微生物中の酵素を単離せずにそのまま使用する反応で，単離酵素を使う方法に比べ，酵素がより安定で触媒寿命が延び，また抽出・安定化操作が不要になり安価であるなどの利点がある．その反面，酵素濃度が低くなり，また他の酵素も含まれるため副反応の抑制が容易ではないなどの欠点もある．

アクリルアミド（AAM）は，水処理用凝集剤，紙力増強剤，石油回収剤などに使用されるポリアクリルアミドをつくる原料となる物質であり，年間60万トン以上製造されている．アクリルアミドの製造は，1950年代に硫酸を用いたアクリロニトリル（AN）の水和法で工業生産が始まった．

$$CH_2=CH-CN \xrightarrow{H_2O} CH_2=CH-CONH_2$$
アクリロニトリル　　　　　　　　　アクリルアミド

その後1960年代後半に，還元銅を触媒とする新しいプロセスが開発され，硫酸水和法に取って代わった．1985年には菌体触媒を用いたアクリロニトリルの加水分解でアクリルアミドを製造するプロセスが商業化され，それ以降，バイオ触媒の選択性，活性，耐性などの性質が逐次改善され，現在では初期の触媒活性に比べ一桁以上の性能向上がはかられている（図6・8）[25]．

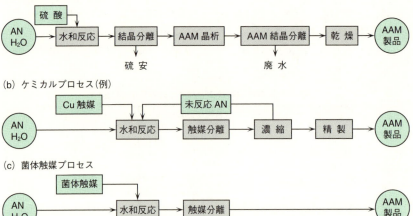

図6・8　アクリロニトリル（AN）からアクリルアミド（AAM）を製造するプロセスの変遷

6・4 化学合成におけるグリーンケミストリーへの期待

化学合成におけるグリーンケミストリーの達成には，触媒の開発ばかりでなく，12箇条で示された各項目の検討，見直し，工夫が必要である．

分子量の小さな有機化合物を反応させる場合，気体成分として気相で反応させることが多い．一方，分子量が大きく，不安定な有機化合物を扱う場合には，これらの反応物や触媒成分を有機溶媒に溶かして，液相で穏やかな反応条件で化学反応を行うことが一般的である．しかし，有機溶媒が示す生体への毒性から，近年その使用が制限されるようになったため，有機溶媒に代わる反応媒体を探索する研究が行われている．そこで，水や**イオン液体**（ionic liquid，次ページのコラム参照）などの媒体中で効率的な反応の実現が試みられている．特に，**超臨界流体**（supercritical fluid）[*1]を反応媒体として利用すると，通常の媒体中とは異なる化学現象，化学反応機構が起こることから，大きな関心が寄せられている．たとえば，超臨界二酸化炭素（$scCO_2$）は水素を高濃度に溶解する．そこで，水素化能をもつルテニウム（Ru）触媒を$scCO_2$に溶かすと，二酸化炭素の水素化が高速で進み，ギ酸が生成することが見いだされた[26]．

$$CO_2 + H_2 \xrightarrow[Et_3N, H_2O]{Ru 触媒, scCO_2, 120\ atm} H-\underset{\underset{\|}{O}}{C}-OH$$
85 atm
TON[*2] = 7200
TOF[*2] > 4000

Ru 触媒：
$(CH_3)_3P$, $(CH_3)_3P$ が Ru に配位，Cl 2個が軸位

すなわち，ここでは$scCO_2$は優れた反応媒体であると同時に反応物にもなっている．また，この反応でジメチルアミンを共存させると，1Ru原子あたり，42万分子のN,N-ジメチルホルムアミドが生成する[27]．

$$CO_2 + H_2 + HN(CH_3)_2 \xrightarrow[100\ ℃]{Ru 触媒, scCO_2, 130\ atm} H-\underset{\underset{\|}{O}}{C}-N(CH_3)_2 + H_2O$$
80 atm
TON = 420,000
TOF > 10,000

[*1] 物質には固有の気体，液体，固体の三つの状態があり，さらに臨界点以上では，温度および圧力をかけても凝縮しない流体相がある．この状態にある物質を超臨界流体という．たとえば，二酸化炭素は，31℃，73気圧以上で超臨界二酸化炭素になる．

[*2] TON（turnover number ターンオーバー数）＝生成物モル数/触媒モル数，TOF（turnover frequency ターンオーバー頻度）＝生成物モル数/(触媒モル数・時間)

> ## イオン液体
>
> 　常温で液体であるイミダゾリウム塩やピリジニウム塩などの有機塩をさす．これらのイオン液体は，① 化学的，熱的安定性が高い，② 蒸気圧が非常に低い，③ 有機化合物を溶かす，などの特徴をもつことから，従来の揮発性有機溶媒の代替媒体としての利用が検討されている．
>
> Me–N⁺＝N–Bu　イミダゾリウム塩　$^-PF_6$
>
> N⁺–Bu　NO_3^-　ピリジニウム塩

この触媒作用は有機溶媒中よりもはるかに高いことも報告されている．反応後常圧に戻せば，媒体の二酸化炭素は気体となって揮散するので，生成物だけが反応容器に残ることになり，反応媒体の回収や廃棄といった問題はなくなる．

　$scCO_2$ はその臨界条件が比較的穏やかであるため，実験室では使いやすい媒体で

> ## 水　溶　媒
>
> 　有機溶媒は，一般に揮発しやすく，有害で可燃性のものが多いが，有機反応物を溶かす媒体として有機反応に用いられてきた．これに対して，水溶媒は無害，安全，安価であるが，有機物が溶けにくいことから，有機反応は起こりにくいと考えられてきた．しかし，反応物が水に溶けなくても，有機溶媒中よりも反応が速く進む場合があることが見いだされている[28]．
>
> クライゼン転位反応　23 ℃　120 h
>
> トルエン溶媒中　収率 16%
> 水溶媒中　　　　　　100%
>
> 　また，反応速度の増大ばかりでなく，反応の選択性が向上する場合もある．これらの特異な現象は，水中では脂溶性の有機物どうしが集まりやすくなる性質（疎水性相互作用）によるものと考えられている[29]．

ある.高圧に耐えうる反応器が必要なことから,大規模の工業プロセスになった例は今のところないが,非常に魅力ある研究分野である.

§6・2, 6・3で紹介してきた反応プロセスの成功例の多くは,触媒の発明,改良によって,既存の原子効率や環境因子の悪かった化学反応プロセスが一変したものである.触媒科学・技術は日々進歩しているが,実際の工業プロセスに応用されるまでに至る触媒技術はほんの一握りである.これからの触媒開発には,古くから知られている触媒材料に,新たな視点から改良を加える一方で,固定観念を捨てた思い切った発想の転換を試みながらも今までにないユニークな構造や物性をもつ機能材料をつくりだし,触媒への適用をはかっていくことも必要であろう.新たな視点からのグリーンケミストリーの発展は,ますます期待される.

演 習 問 題

6・1 つぎのベンゼンからフェノール合成(クメン法, (4)式)の原子効率を求めよ((4)式は(1)〜(3)式の三つの反応過程からなる).

$$C_6H_6 + H_2C=CHCH_3 \longrightarrow C_6H_5CH(CH_3)_2 \tag{1}$$

$$C_6H_5CH(CH_3)_2 + O_2 \longrightarrow C_6H_5C(CH_3)_2\text{-OOH} \tag{2}$$

$$C_6H_5C(CH_3)_2\text{-OOH} \longrightarrow C_6H_5OH + H_3C\text{-CO-}CH_3 \tag{3}$$

$$(1)+(2)+(3): C_6H_6 + H_2C=CHCH_3 + O_2 \longrightarrow C_6H_5OH + H_3C\text{-CO-}CH_3 \tag{4}$$

6・2 *p*-メトキシアセトフェノンは,アニソールと無水酢酸を用いて製造される.

$$\underset{\text{アニソール}}{C_6H_5\text{-OCH}_3} + \underset{\text{無水酢酸}}{(CH_3CO)_2O} \xrightarrow{\text{促進剤または触媒}} \underset{p\text{-メトキシアセトフェノン}}{CH_3CO\text{-}C_6H_4\text{-OCH}_3} + CH_3CO_2H$$

従来は，塩化アルミニウム（$AlCl_3$）が促進剤として，また，溶媒として塩素化溶媒が用いられた．この場合，生成物を 1 kg 製造するのに，水溶性廃棄物（$AlCl_3$，HCl，塩素化溶媒，酢酸）が 4.5 kg 生じた．ゼオライト β を触媒とする方法では，生成物を 1 kg 製造するのに，水溶性廃棄物（水と酢酸）は 0.035 kg となった．このゼオライト触媒を用いる方法の環境因子は，$AlCl_3$ を用いる場合と比べ，どのように向上したか計算せよ．

6・3 つぎの化合物の炭素の酸化数を計算し，酸化数の高い順に並べよ．

$$CH_4, \quad CO_2, \quad HCHO, \quad HCO_2H, \quad CH_3OH$$

6・4 シクロヘキサノンオキシムから ε-カプロラクタムが生成する機構を考えよ．

6・5 図 6・8（p.148）においてエチレンカーボネートがメタノールと反応すると

のような反応機構でジメチルカーボネートとエチレングリコールが生成する．ジメチルカーボネートとフェノールからジフェニルカーボネートが生成する反応を説明せよ．

参 考 文 献

1) "最新グリーンケミストリー・持続的社会のための化学"，御園生 誠，村橋俊一編，講談社（2011）.
2) B. M. Trost, *Science*, **254**, 1471（1991）.
3) R. A. Sheldon, *Chem. Ind.* (London), 12（1997）.
4) H. C. Kolb, M. G. Finn, K. B. Sharpless, *Angew. Chem., Int. Ed.*, **40**, 2004（2001）.
5) R. Huisgen, *Angew. Chem., Int. Ed.*, **2**, 565（1963）.

6) V. V. Rostovtsev, L. G. Green, V. V. Fokin, K. B. Sharpless, *Angew. Chem., Int. Ed.*, **41**, 2596 (2002).
7) C. W. Tornoφe, C. Christensen, M. Meldal. *J. Org. Chem.*, **67**, 3057 (2002).
8) M. G. Finn, H. C. Kolb, V. V. Fokin, K. B. Sharpless, 化学と工業, **60**, 976 (2007).
9) K. Yamaguchi, K. Mori, T. Mizugaki, K. Ebitani, K. Kaneda, *J. Am. Chem. Soc.*, **122**, 7144 (2000).
10) K. Mori, K. Yamaguchi, T. Mizugaki, K. Ebitani, K. Kaneda, *Chem. Commun.*, 461 (2001).
11) K. Mori, K. Yamaguchi, T. Hara, T. Mizugaki, K. Ebitani, K. Kaneda, *J. Am. Chem. Soc.*, **124**, 11572 (2002).
12) 石井康敬, 坂口 聡, 岩濱隆裕, 有機合成化学協会誌, **57**, 38 (1999); Y. Ishii, S. Sakaguchi, T. Iwahama, *Adv. Synth. Catal.*, **343**, 393 (2001).
13) T. Iwahama, K. Syojyo, S. Sakaguchi, Y. Ishii, *Org. Process Res. Dev.*, **2**, 255 (1998).
14) Y. Ishii, S. Kato, T. Iwahama, S. Sakaguchi, *Tetrahedron Lett.*, **37**, 4993 (1996).
15) N. Hirai, N. Sawatari, N. Nakamura, S. Sakaguchi, Y. Ishii, *J. Org. Chem.*, **68**, 6587 (2003).
16) K. Sato, M. Aoki, R. Noyori, *Science*, **281**, 1646 (1998); 佐藤一彦, 碓井洋子, 触媒, **46**, 328 (2004).
17) M. Haruta, T. Kobayashi, H. Sano, N. Yamada, *Chem. Lett.*, **16**, 405 (1987); M. Haruta, N. Yamada, T. Kobayashi, S. Iijima, *J. Catal.*, **115**, 301 (1989).
18) M. Ikegami, T. Matsumoto, Y. Kobayashi, Y. Jikihara, T. Nakayama, H. Ohashi, T. Honma, T. Takei, M. Haruta, *Appl. Catal. B: Environ.*, **134-135**, 130 (2013).
19) T. Ishida, Y. Ogihara, H. Ohashi, T. Akita, T. Honma, H. Oji, M. Haruta, *ChemSusChem*, **5**, 2243 (2012).
20) K. Suzuki, T. Yamaguchi, K. Matsushita, C. Litsuka, J. Miura, T. Akaogi, H. Ishida, *ACS Catal.*, **3**, 1845 (2013).
21) 市橋 宏, 化学と工業, **55**, 1324 (2002); H. Ichihashi, *Stud. Surf. Sci. Catal.*, **145**, 73 (2003); H. Ichihashi, H. Sato, *Appl. Catal. A. Gen.*, **221**, 359 (2001).
22) Y. Izumi, K. Matsuo, K. Urabe, *J. Mol. Catal.*, **18**, 299 (1983); Y. Izumi, K. Urabe, M. Onaka, "Zeolite, Clay, and Heteropoly Acid in Organic Reactions", Kodansha-VCH (1992).
23) 中條哲夫, 触媒, **48**, 505 (2006).
24) 府川伊三郎, 化学と教育, **54**, 39 (2006).
25) 深津道夫, 触媒, **50**, 209 (2008).
26) P. G. Jessop, T. Ikariya, R. Noyori, *Nature*, **368**, 231 (1994).
27) P. G. Jessop, Y. Hsiao, T. Ikariya, R. Noyori, *J. Am. Chem. Soc.*, **118**, 344 (1996).
28) S. Narayan, J. Muldoon, M. G. Finn, V. V. Fokin, H. C. Kolb, K. B. Sharpless, *Angew. Chem., Int. Ed.*, **44**, 3275 (2005).
29) R. Breslow, *Acc. Chem. Res.*, **24**, 159 (1991).

高分子の化学

- 7・1 高分子とは何か
- 7・2 高分子の歴史
- 7・3 天然の高分子
- 7・4 高分子の合成
- 7・5 高分子の構造
- 7・6 バイオプラスチック
- 7・7 バイオプラスチックの評価の方法
- 7・8 バイオプラスチックの用途
- 7・9 高分子の将来

7・1 高分子とは何か[1),2)]

高分子とは，共有結合でできている分子量の非常に大きな化合物の総称であり，通常，分子量1万以上のものを高分子とよぶ．高分子という言葉は，もともとドイツ語の"Hochmolekül"（hoch は高い・大きい，molekül は分子）の訳語として登場したようであるが，繰返し単位が連なってできている化合物という意味をもつ英

図 7・1 食卓にはプラスチックがいっぱい

語 "polymer"（ポリマー）の訳語としても使われている．

　私たちの身のまわりを眺めてみると，衣服，食物，住宅建材，包装材，自動車の部品，家具そして書籍など，高分子物質でできたものがあふれている．衣では毛皮，皮革，麻，羊毛，綿，絹などすべてが高分子物質であり，食ではタンパク質，多糖類，核酸などが高分子に含まれ，住では木材，紙などの高分子を利用している．これらの多くは**天然高分子**である．私たちの体そのものも，おもに天然高分子からできている．

　一方，ポリエチレン，ポリエチレンテレフタラート（ペット：PET），ポリ塩化ビニルなどは，小さな分子を人間がつなぎ合わせて高分子化したもので**合成高分子**という．いずれも熱を加えることで柔らかくなり形を変えることができる高分子で，"形を変えることができる"（難しくいうと"塑性"）という意味をもつ英語の**プラスチック**（plastic）と総称されている．また酢酸セルロースやニトロセルロースなどは，化学反応により天然高分子の化学構造を変化させたもので**半合成高分子**とよばれている．

　食卓のまわりを見回すと，プラスチック製品があふれていることに気づくだろう（図7・1）．また石墨（グラファイト）やダイヤモンド，石綿（アスベスト），雲母（マイカ）などの鉱物，さらにはガラスも，"化学結合によってできている巨大な分子"という定義からいえば高分子（無機高分子）であるといえる（図7・2）．金属

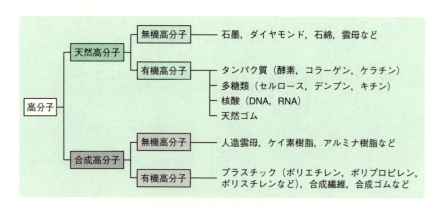

図7・2　高分子の分類

やセラミックスでないかぎり高分子であるといっても過言ではなく，また，金属やセラミックスと高分子を一体化させた**複合材料**（composite material）も少なくない．

7・2 高分子の歴史[1),2)]

高分子は，大昔から衣食住に広く利用されてきた（表7・1）．たとえば紙は，木の皮を砕いて中に含まれる繊維を取出し水に懸濁させ，均一の厚さにこしとったものであり，西暦100年ごろに後漢の蔡倫(さいりん)が製法を改良したとされている．毛皮や皮革，繊維に至っては，それよりもはるかに古い時代から，人類が天然の材料を加工し，生活に利用してきた．

表 7・1 人類による天然高分子利用の歩み

利用する高分子	時 期
動植物（食料として）	⋮
木材（燃料として）	
皮（衣料として）	
漆	BC 7000
麻	BC 6000
羊 毛	BC 4000
パピルス	BC 3500
絹	BC 3000
紙	AD 100

ところが，人類が"高分子"という概念をはっきり理解したのは，そう古い話ではない（表7・2）．高分子は，一般的に溶液状態では粘り気があり，固体状態ではゴムやプラスチックにみられるように弾力性に富み，繊維や板状に容易に加工できる．このような性質が，たくさんの分子が共有結合でつながっているために現れると初めて提案したのは，ドイツの化学者**シュタウディンガー**（H. Staudinger）である（1926年）[3)]．

1920年ごろまでに，ポリ塩化ビニル，ポリスチレン，アクリル樹脂，フェノール樹脂，レーヨン，ビスコース，合成ゴム，ポリカーボネートをはじめ，多くの高分子の合成・実用化が相次いでいた．また19世紀末にはセルロース，ゴムなどの分子量がきわめて大きいことも知られていたが，同じころにファンデルワールス力をはじめとする分子間の非結合的な力が見いだされていたため，高い分子量も，ある程度の大きさの分子が会合していることによる見かけの現象だと考える"ミセル説"が主流であった．先に述べたポリマーという言葉も，今日のような何万という大きな分子量のものをさすのではなく，現在なら"オリゴマー"といわれる分子量数千までの物質に用いられていた．

20世紀初めから発達したX線結晶解析により，高分子結晶のサイズが非常に大きなものであることは示されていたが，それが分子会合によるものか，一つの分子によるものかは判別できなかった．そこでシュタウディンガーは，つぎの二つの手

表 7・2 合成高分子開発の歩み

年	事 項	人 物
1839	ゴムの加硫法の発見	グッドイヤー (C. Goodyear, 米)
1846	ニトロセルロースの合成	シェーンバイン (C. F. Schönbein, スイス)
1866	セルロイドの合成	ハイヤット (J. W. Hyatt, 米)
1884	レーヨンの製造	シャルドンネ (H. Chardonnet, 仏)
1907	ベークライトの発明	ベークランド (L. H. Baekeland, 米)
1933	ポリエチレンの製造	フォーセット (E. W. Fawcett, 英), ギブソン (R. O. Gibson, 英)
1934	ナイロンの発明	カロザース (W. H. Carothers, 米)
1939	ポリビニルアルコールからのビニロン繊維の発明	桜田一郎 (日)
1941	ポリエステル繊維発明	ウィンフィールド (J. R. Whinfield, 英), ディクソン (J. T. Dickson, 英)
1953	エチレン低圧重合	チーグラー (K. Ziegler, 独)
1954	合成ポリ(1,4-シスブタジエン)	グッドリッチ社 (Goodrich, 米)
1954	プロピレンの立体規則性重合	ナッタ (G. Natta, 伊)
1973	アラミド (ケブラー) の開発	デュポン社 (DuPont, 米)
1977	導電性ポリマー(ポリアセチレン)の発見	白川英樹 (日), マクダイアミッド (A. G. MacDiarmid, 米), ヒーガー (A. J. Heeger, 米)

法により，高分子が共有結合でできた巨大分子であることを示した．

まず，もしも高分子が会合して見かけ上大きな分子量を示しているだけならば，その"高分子"化合物の化学的な変換により会合力が変化して，見かけの分子量から求められる繰返し単位の数（重合度）は変わるはずである，という考えにたって，たとえばデンプンの場合には酢酸エステル化，脱酢酸エステルなど高分子（多糖類）の化学修飾（および脱修飾）反応を行った．

さらに，粘度法を高分子の分子量測定法として導入し，希薄条件での粘度が分子量に依存することを利用して分子量を求め，分子量から計算される重合度が，化学修飾する前後や，溶媒を変えても同じであることを示した．

当初"ミセル説"をとる学者たちの猛反撃にあったシュタウディンガーの"高分子説"は，彼の精力的な研究により，広く受入れられ現在に至っている．"高分子化学の父"であるシュタウディンガーの"鎖状高分子化合物の研究"に対して，1953年ノーベル化学賞が与えられた．

7・3 天然の高分子[1),2)]

自然界には多種類の天然高分子があり，**タンパク質**（protein），**多糖**（類）

〔polysaccharide(s)〕，**核酸**（nucleic acid）がその代表的なものである（図7・2）．多糖類の一つである**デンプン**（starch）は，グルコース（ブドウ糖）がα-1,4結合したもので，らせん状の構造をしている．温水に可溶で，体内では酵素により分解（消化）される．一方，植物の細胞壁の主成分である**セルロース**（cellulose）は，グルコースがβ-1,4結合したもので，分子間で**水素結合**を形成し繊維状で存在する（図7・3）．水に不溶で，比較的剛直であるために，植物の重要な構造材料であるが，われわれ人類は分解酵素をもたないためセルロースを消化できない．ウシなど草食の哺乳類では，腸内細菌の酵素によるセルロースの分解物を宿主（哺乳類）が吸収し利用している．

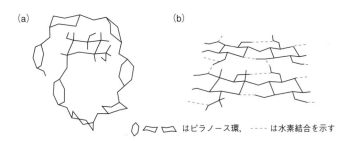

はピラノース環，----は水素結合を示す

図7・3 デンプン(a)とセルロース(b)の構造

また，熱帯地方に育つゴムの木の樹液を固めた**天然ゴム**（natural rubber）は，1,4-イソプレンがシス形（cis form）の構造で重合しており，弾力性に富むために，タイヤ，ゴムひも，ボールなど広い用途をもっている．これとは対照的に，トランス形（trans form）の構造をもつグッタペルカは，弾力性に乏しい．このように，多くの天然の高分子ではユニット間の結合様式に規則性があり，それが特有の機能につながっている．

$$\left[\begin{array}{c} CH_3 \quad H \\ C=C \\ CH_2 \quad CH_2 \end{array}\right]_n \qquad \left[\begin{array}{c} CH_3 \quad CH_2 \\ C=C \\ CH_2 \quad H \end{array}\right]_n$$

　　ポリ(1,4-シスイソプレン)　　　　　ポリ(1,4-トランスイソプレン)

タンパク質は，アミノ酸分子どうしがアミノ基とカルボキシ基の間で脱水縮合し，たくさんつながったものである．タンパク質の構成単位はアミノ酸残基，また残基どうしをつないでいるアミド結合は特に**ペプチド結合**（peptide bond）とよばれ，タンパク質は**ポリペプチド**（polypeptide）の仲間ということになる．

タンパク質分子中のペプチド結合は，同じ分子中の比較的近い場所にあるペプチド結合や，隣り合った分子あるいは同じ分子でも比較的遠く離れた場所のペプチド結合と水素結合を形成する．前者ではらせん構造（代表的なものは**α ヘリックス**（α-helix）**構造**とよばれている）を，また後者の場合には平面構造（**β シート**（β-sheet）**構造**とよばれている）をとることができる（図 7・4）．らせん構造は弾

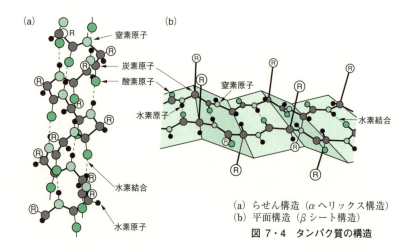

(a) らせん構造（α ヘリックス構造）
(b) 平面構造（β シート構造）
図 7・4 タンパク質の構造

力性に富み，平面構造は機械的強度にすぐれている．タンパク質分子には，らせん構造を有する部分と，平面構造を有する部分，さらにランダムコイル部分が共存しているものが多い．しかし，単一の構造からできているタンパク質もある．たとえば動物の構造材料（結合組織）をつくるコラーゲンはらせん構造を，またカイコの繭からつくられる絹に含まれているフィブロイン（fibroin）は平面構造をとっているタンパク質である．

染色体の主要成分である**デオキシリボ核酸**（deoxyribonucleic acid, DNA，図 7・5）は，核酸塩基と糖（デオキシリボース）の結合した分子（ヌクレオシド）が，リン酸ジエステル結合により長く伸びたものであり，ヒトの場合，その長さは細胞 1 個あたり約 2 m にもなる．それが二重らせん構造をとって小さく折りたたまれ，細胞の核内に局在している．DNA の二重らせんモデルが**ワトソン**（J.D.Watson，米）および**クリック**（F.H.C. Crick，英）により提唱されて以来，生体高分子の構造と機能の解明が進み，生命科学は大きな発展を遂げた．二人はこの功績により 1962 年ノーベル医学生理学賞を受賞している．

高分子樹脂を担体としてアミノ酸の縮合反応を行わせると，不純物の除去がきわ

めて容易で，最終的に得られる目的物のポリペプチドは簡単に樹脂から切り離せる．**メリフィールド**（R.B. Merrifield，米）の考案したこの固相合成法により得られるオリゴペプチド（アミノ酸が複数個結合したもの）どうしを，さらに酵素法により結合させることで分子量の大きいタンパク質を得ることができる（1984年ノー

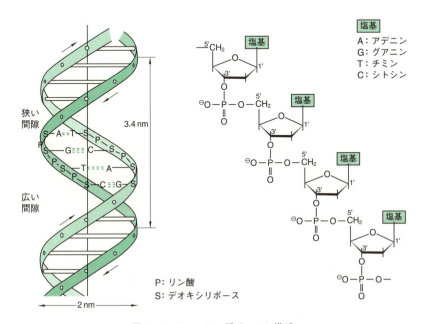

図 7・5 DNAの二重らせん構造

ベル化学賞受賞）．同様の手法はヌクレオシドにリン酸がエステル結合したヌクレオチドがいくつかつながったオリゴヌクレオチドの人工合成にも用いられており，生命工学においてなくてはならぬ手法となっている．

今日では自分でデザインしたタンパク質を，上に述べた直接合成あるいは遺伝子工学的手法によりつくり出すことができる．またポリエチレンオキシドやセンダイウイルスを利用した細胞融合により，複数の細胞機能を併せもつ細胞の作製が可能となっている．さらに，通常の受精（生殖）という過程なしで生まれたまったく同じ遺伝子をもった個体や集団（クローン生物），あるいは遺伝的に異なる個体に由来する組織や細胞などを含む生物（キメラ生物）がつくられるようになった．

ところで，動物の受精卵が胚盤胞とよばれる段階に至ったときに取出した細胞（**胚性幹細胞，ES細胞**とよばれる）は，生体外ですべての組織に分化する能力（分

化多能性）をもち，ほぼ無限に増殖できる．しかし，受精卵を利用するために，人間への利用には強い拒否反応がある．一方，繊維芽細胞などの体細胞に数種類の遺伝子を導入すると，ES 細胞に似た分化万能性をもつ**人工多能性幹細胞**（**iPS 細胞**とよばれる）が得られることが**山中伸弥**らにより見いだされた（2012 年ノーベル医学生理学賞受賞）．合成高分子を利用した人工臓器の場合には，体内への埋込に伴う患者の負担が大きな問題となるが，ES 細胞や iPS 細胞を用いて，機能が損なわれた器官や臓器の"再生医療"を行えば，それが軽減されるという利点がある．しかしながら，いずれの場合にも生命を人間が好き勝手にいじることに対し，倫理面の問題がつねに指摘されている．

7・4 高分子の合成[1),2)]

始めにも述べたように，ポリエチレン，ポリエチレンテレフタラート，ポリ塩化ビニルなどはいずれもプラスチックといわれ，合成高分子である．

最初の合成高分子としては，**カロザース**（W.H. Carothers, 米）による**ナイロン**（nylon）の発明（1934 年）があげられる（表 7・2）．高分子化学の歴史を語るうえで，最も大きな業績の一つである．

シュタウディンガーが学界に高分子説を認めさせるべく奮闘していたころ，高分子合成反応の研究を始めたカロザースは，高分子の合成法を大きく二つに分類した．

一つは，**単量体**（**モノマー**，monomer）がたくさん連なること（**重合**，polymerization）で**ポリマー**となるもので，**付加重合**（addition polymerization）と名づけられた．特徴は，モノマーとポリマーが同じ組成式をもつことである．二重結合（**ビニル基**とよばれる）のあるモノマーに触媒を加えて加熱すると，矢印のように二重結合が開いてつながっていく．ポリエチレン，ポリプロピレン，ポリスチレン，ポリ塩化ビニル，ポリ塩化ビニリデン，ポリアクリロニトリルなど，身近な合成高分子材料の多くはこの方法でつくられるビニル系の高分子である．

$$CH_2=CH_2 \longrightarrow -CH_2-CH_2-$$
$$n-CH_2-CH_2- \longrightarrow -(CH_2-CH_2)_n-$$

分子中に二重結合が複数あるブタジエン，イソプレン，クロロプレンなども同様に付加重合で重合し，タイヤなどに使えるほど弾力性に富んだ高分子ができる．

$$CH_2=CH-CH=CH_2 \qquad CH_2=C(CH_3)-CH=CH_2 \qquad CH_2=CH-C(Cl)=CH_2$$
　　ブタジエン　　　　　　　　　　イソプレン　　　　　　　　　　　クロロプレン

7・4 高分子の合成

二つ目は水などの低分子化合物を遊離させることで高分子化が進行するもので，**縮合重合**（condensation polymerization）あるいは**重縮合**（polycondensation）とよばれる．モノマーは，エステルを生成するカルボキシ基とヒドロキシ基のような二つの官能基（反応性基）を同時にもっている必要がある．カロザースは，生成機構が明確な縮合重合をおもな研究対象とし，はじめにジカルボン酸と二価アルコール，あるいは分子内にヒドロキシ基とカルボキシ基をもつオキシカルボン酸から**ポリエステル**（polyester）を合成した（後述するグリーンプラスチックには，ポリ乳酸やポリカプロラクトンなどオキシカルボン酸のポリエステルが多くある）．

$$n\,\text{HO-R-OH} + n\,\underset{\underset{\text{O}}{\|}}{\text{HOC}}-\text{R}'-\underset{\underset{\text{O}}{\|}}{\text{COH}} \longrightarrow \left[\text{O-R-}\underset{\underset{\text{O}}{\|}}{\text{OC}}-\text{R}'-\underset{\underset{\text{O}}{\|}}{\text{C}}\right]_n + 2n\,\text{H}_2\text{O}$$

二価アルコール　　　ジカルボン酸　　　　　　ポリエステル　　　　水

さらにカロザースはジカルボン酸とジアミンから**ポリアミド**（polyamide）を合成する研究へと進み，その成果はアジピン酸とヘキサメチレンジアミンからできた"ナイロン"（デュポン社の商標，一般にはジアミン成分とジカルボン酸成分それぞれの炭素数各6個に由来する名称；ナイロン66とよばれる）として，彼の死の1年後に発売された．"石炭と水と空気からつくられ，鋼鉄よりも強くクモの糸よりも細い"，というキャッチフレーズで売出されたナイロンは，市場から絹織物を駆逐した．

$$n\,\underset{\underset{\text{O}}{\|}}{\text{HOC}}(\text{CH}_2)_4\underset{\underset{\text{O}}{\|}}{\text{COH}} + n\,\text{H}_2\text{N}(\text{CH}_2)_6\text{NH}_2$$

アジピン酸　　　　ヘキサメチレンジアミン

$$\longrightarrow \left[\underset{\underset{\text{O}}{\|}}{\text{C}}(\text{CH}_2)_4\underset{\underset{\text{O}}{\|}}{\text{CHN}}(\text{CH}_2)_6\text{NH}\right]_n + 2n\,\text{H}_2\text{O}$$

ナイロン66　　　　　水

カロザースは，多くの（縮合系）高分子の基本的な考え方を示したが，そのなかでポリエステルは，エチレングリコールとテレフタル酸の組合わせにより英国で実用化され，テリレンと名づけられた．日本ではテトロン®の名で商品化されている．また分子の両端にアミノ基とカルボキシ基をもっている化合物（ω-アミノカルボン酸とよばれる）の重縮合体であるナイロン6は，原料となるε-アミノカプロン酸をいったん環状アミド（ラクタムとよばれる）であるε-カプロラクタムに変えたあと，その**開環重合**（ring-opening polymerization）によって合成できることが

1940年にドイツで発見され，婦人用ストッキングなどの原料として広く使われている．

$$n \; \varepsilon\text{-カプロラクタム} \xrightarrow{+n\,H_2O \; -n\,H_2O} \left[\underset{\underset{O}{\|}}{C}(CH_2)_5 \underset{\underset{H}{|}}{N} \right]_n \text{ナイロン6}$$

それ以降ポリスチレン，ポリウレタンなどの合成高分子が開発された．このうちポリウレタンはジイソシアナートと二価アルコールが付加反応を繰返して高分子化する**重付加**（polyaddition）により得られ，弾力性に富むためにウレタンフォームとして広く用いられている．

$$n\,O=C=N(CH_2)_6N=C=O \; + \; n\,HO(CH_2)_4OH$$
ジイソシアナート　　　　二価アルコール

$$\longrightarrow \left[(CH_2)_4OCHN(CH_2)_6NHCO \right]_n$$
ポリウレタン

そのほか，ホルマリン（ホルムアルデヒド）を尿素やメラミン，あるいはフェノールなどと加熱すると，付加反応と縮合反応を繰返して高分子化し，それぞれ尿素樹脂，メラミン樹脂，フェノール樹脂ができる．これを**付加縮合**（addition condensation）といい，その合成法は古くから知られていた．

$$H_2NCNH_2 + HCH \longrightarrow H_2NCNHCH_2OH \quad \textbf{付加反応}$$
尿素　ホルムアルデヒド　モノメチロール尿素

$$H_2NCNHCH_2OH + H_2NCNH_2 \longrightarrow H_2NCNHCH_2NHCNH_2 + H_2O \quad \textbf{縮合反応}$$

20世紀後半に入ると，石炭に代わって安価な石油が主原料として利用され，高分子の利用はさらに進んだ．第二次世界大戦後，酸やアルカリに強く，−250℃から300℃までの広い温度範囲で使え，燃えないというすぐれた性能をもつ**ポリテトラフルオロエチレン**（商品名　テフロン®）がデュポン社から売出され，従来硬くて丈夫なため利用されてきた金属や陶磁器のような材料が，高分子材料に置き換え

られていった.

　加熱しながら力を加えたときに変形を起こす温度が100℃以上のものは，工業的に応用できるプラスチックという意味で**エンジニアリングプラスチック**，またその温度が150℃以上の超耐熱性樹脂は**スーパーエンジニアリングプラスチック**とよばれており，電動工具，電気器具や自動車の部品，建材などに広く用いられている．いずれも分子中に二重結合，三重結合，芳香環，さらには水素結合がはたらくアミド基などを導入し，剛直な高分子どうしが強く引きつけあうようにすることで耐熱性を高めてある．

　重合により得られる高分子の分子量には分布が生じるが，重合がいつまでも停止しない"リビング"とよばれる条件を設定すると，分子量分布の非常に狭い高分子が得られる．高分子の生長末端の電荷がそれぞれ正，負，無電荷の場合に対応するカチオン重合，アニオン重合，ラジカル重合のいずれにおいても，**リビング重合** (living polymerization) により，分子量分布の狭い高分子がつくられている．さらに，高分子のすぐれた性質を生かすために，ガラスファイバー（ガラス繊維）や，ポリアクリロニトリル（アクリル繊維）を熱処理（焼成）して炭素化したカーボンファイバー（炭素繊維）で強化したプラスチックなど，他の材料と組合わせた複合材料が，構造材料として大きな役割を担っている．たとえば航空機の機体には燃料の大幅な削減を目的として，カーボンファイバーを含む軽くて強い複合材料が大量に使われており，自動車の車体への導入も盛んに行われている．

　合成繊維もこれまでは，単一の高分子をノズルの先から押し出しながら延伸した断面の比較的丸いものが多かった．しかしながら，最近では断面をさまざまに加工することにより，吸湿性に富み，より肌にやさしい合成繊維が生まれている．また，繊維の中に香料やビタミンCなどを混ぜ，芳香や美白作用を示すものも登場している．1gで長さが10万kmにも達するというポリエステル極細繊維も生まれ，人工皮革やレンズ拭きに広く用いられている．

　またアゾベンゼンやスピロピラン，イソプロピルアクリルアミド，さらにはメタクリル酸などを材料中に組込むことで，それぞれ，光，温度，pHなどの環境変化に対する応答機能を示すかしこい高分子"インテリジェントポリマー"という概念も生まれている．変形させても，熱を加えると短時間で元の形に戻る形状記憶ポリマーも開発され，型崩れを起こしにくいワイシャツなどに利用されている．

7・5　高分子の構造[1),2)]

　先述したように，同じグルコースの縮合体であるデンプンとセルロースの構造の違いや，天然ゴム〔ポリ(1,4-シスイソプレン)〕の分子構造にみられるように，天

然の高分子では単位ユニット間の結合様式に規則性があり，種々の機能を発揮する．合成高分子の場合も，側鎖の置換基の配置に**立体規則性**（stereoregularity）が表れるような**立体規則性重合**を行えば，すぐれた機能をもつ材料が得られる．エチレンを重合すると，ポリ袋やプラスチックケースなどでよくお目にかかるポリエチレンが得られる．しかしエチレンを重合させることは技術的にかなり困難で，工業的には 1936 年に至って，1000～2000 atm，200 ℃ で反応を行うことにより初めてポリエチレン（高圧ポリエチレンとよばれる）が得られた．

チーグラー（K. Ziegler, 独）と**ナッタ**（G. Natta, 伊）は，有機金属触媒を用いることによりエチレンの低圧重合やプロピレンの立体規則性重合が行えることを示し，汎用プラスチックとしてのポリエチレン，ポリプロピレン（図 7・6）の利用が広まった（1963 年ノーベル化学賞受賞）．

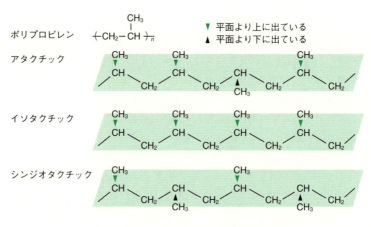

図 7・6　ポリプロピレンの立体構造の模式図

7・6　バイオプラスチック[2),4),5)]

合成高分子の環境問題（コラム）を解決し，化石資源の消費削減および低環境負荷を実現する高分子材料を，わが国では，**バイオプラスチック**（bioplastic）と称して，その普及が推し進められている．バイオプラスチックとは，1) 植物・動物由来物質を原料とする**バイオマスプラスチック**（biomass plastic）と，2) 自然界で分解される**生分解性プラスチック**（biodegradable plastic；わが国では，**グリーンプラスチック** green plastic ともよんでいる）の総称である．歴史的には，廃プラ

合成高分子(プラスチック)の環境問題

プラスチック類は身の回りでたくさん使用され,役立っている.このことはプラスチックが金属材料などと比べて ① 腐食しない,② 低温で自由に成型可能である,③ 接着が簡単である,④ 軽いなど多くの長所があり,私たちにとって不可欠の材料となっているからである.そのプラスチックも使用できなくなると,廃棄プラスチック(廃プラ)として捨てられることになる.これらの廃プラが土の中に埋められると,プラスチックの利点であった"腐らない"ために,いつまでも土の中に残ってしまう.また,他のゴミと一緒に燃やすと,一部のプラスチックからはダイオキシン類や重金属類などの有害物質が発生し,環境中に排出されるという心配もある.

廃棄物の処理に関して,わが国では 2000 年以降に各種リサイクル法が制定され,廃棄物を有効利用するため 3R が推進されている(p.175,§8・2 参照).廃プラの処理に関してもリサイクル技術が進み,リサイクルが順調に拡大している(p.186 参照).下表に示したように廃プラの有効利用率が 2000 年の 46% から 2020 年 86%,2021 年には 87% にまで上昇している.

表 廃棄プラスチックの総排出量と有効利用率の推移[†]

	2000 年	2010 年	2020 年	2021 年
廃プラの総排出量(万トン)	997	945	822	824
有効利用量(万トン)	461	723	710	717
未利用量(万トン)	536	221	112	107
有効利用率(%)	46	77	86	87

[†] 一般社団法人 プラスチック循環利用協会のデータ(2022.12)による.

しかし一方で,回収されないで自然界に捨てられたプラスチックごみによる海洋汚染が深刻な問題となっている.たとえばプラスチック製の釣り糸,捨てられたレジ袋・ペットボトルなどが紫外線などで砕かれた微細な粒子,さらに近年は洗顔料などに使われるマイクロプラスチックなどがある.これらの"ごみ"が魚やウミガメ,海鳥など生態系に悪影響を与えることが懸念されている.この問題は 2017 年 6 月ニューヨークで開かれた国連海洋会議,2016 年 5 月の富山市および 2017 年 6 月のボローニア(イタリア)で開かれた先進 7 カ国(G7)環境相会合でも取上げられ,自然環境下で分解されやすい生分解性プラスチック製品や再利用可能製品の開発推進が求められている.本章の §7・6 で生分解性プラスチックなどについて詳しく述べられている.

スチックの問題を解決するために，1980年代の終わりごろにグリーンプラスチックの研究・開発が開始され，その後，地球環境や化石資源の節約という観点から，原料である化石資源の代替として積極的にバイオマスを利用するバイオマスプラスチックの研究・開発が行われるようになった．両者のプラスチックにおける位置づけを図7・7に示す．前者は入口である原料がバイオマスであればよく，後者は出口の生成プラスチックが生分解性であればよい．

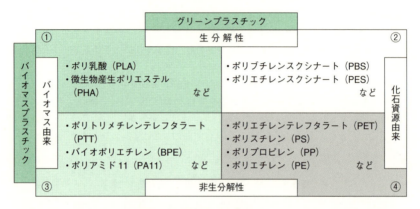

図7・7　プラスチックの原料・生分解性による分類（参考文献4）のp.5図1を改変）

なお，**生分解性**とは"微生物によって完全に消費され，自然的副産物である二酸化炭素・メタン・水・バイオマスなどのみを生じるものでなければならない"と定義され，世界的合意がなされている．つまり，生分解性プラスチック（グリーンプラスチック）とは，土壌中や河川水，海水中などの自然環境下で微生物により分解されて，自然界の炭素循環に組込まれ（図7・8），環境に負荷を与えないプラスチックのことである．

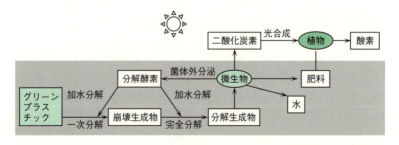

図7・8　グリーンプラスチックの微生物による分解過程と炭素循環の模式図

7・6 バイオプラスチック

バイオプラスチックは，図7・7より次の3種類に分類できる．

① バイオマスを原料とする生分解性のプラスチック
② 化石資源を原料とする生分解性のプラスチック
③ バイオマスを原料とする非生分解性のプラスチック

グリーンプラスチックである①と②のうち，①はバイオマスプラスチックでもある．③はバイオマスプラスチックであるが，グリーンプラスチックではない．なお，④は一般の汎用プラスチックである．

7・6・1 バイオマスを原料とする生分解性のプラスチック

ポリ乳酸（PLA）は，最も知られている生分解性を有するバイオマスプラスチックである．原料の乳酸は，図7・9の上段に示したようにトウモロコシなどの植物由来のデンプンの乳酸発酵（バイオプロセス）から得られ，ついで下段の重合反応

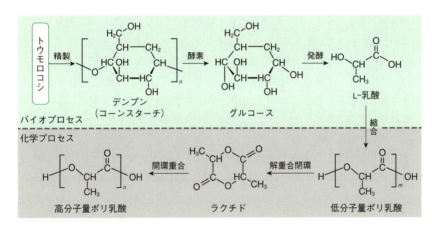

図7・9 ポリ乳酸（PLA）の生産工程

により PLA が合成されている．

この PLA の生産工程の特徴は，バイオプロセスが組込まれていることである．一般に化石資源から高分子の原料を得る場合，化石資源の蒸留・精製（350℃程度）や化学反応（場合によっては数百℃）などの化学プロセスに非常に多くのエネルギーを必要とする．一方バイオプロセスでは，生産工程で微生物の力を借りたプロセス（発酵）を用いることにより，穏和な条件（40℃程度）で原料が得られるので，製造過程の消費エネルギーを大きく節約できる．現在，プラスチックの生産にバイオプロセスと化学プロセスを組合わせる方法が採用されつつある．原料生産に

限らず重合体を得る場合も，バイオプロセスを組込むことでプラスチック生産における省エネルギー化が期待できる．つぎに述べる微生物が炭素源のえさ（糖や植物油）から直接ポリエステル（重合体）に変換し体内に蓄えるプラスチックはその例である．

PLA は，国内外で最も盛んに多くの製品に利用されているグリーンプラスチックの一つである．たとえば，ゴミ袋，防草シート，商品のパッケージング材，あるいはパーソナルコンピューターや携帯電話の筐体などに採用されている．

多くの微生物がその体内にエネルギー源として**ポリヒドロキシアルカノエート**（**PHA**）というポリエステルを蓄積する．そして，微生物は食べるえさ（炭素源）がなくなるとそのポリエステルを食べて（分解して）エネルギーとしている．これは，われわれ人間でいえば脂肪にあたるものである．1925 年にフランスのパスツール研究所で初めて発見されたときには，実用化には多くの問題があった．しかし，1980 年に英国の ICI 社が，水素細菌という微生物に，グルコースとプロピオン酸を炭素源（えさ）として与えることにより PHA 類である 3-ヒドロキシ酪酸（3HB）と 3-ヒドロキシ吉草酸（3HV）の共重合体 P(3HB-co-3HV) の発酵合成に成功した．さらに，1987 年には土肥義治らが水素細菌に 4-ヒドロキシ酪酸（4HB），1,4-ブタンジオールなどを炭素源として与えることにより，新規の 3HB と 4-ヒドロキシ酪酸の共重合体 P(3HB-co-4HB) が発酵合成されることを発見した．

これらの共重合体の生分解性は，自然環境の土壌中で評価され，いずれも良好な結果が報告されている（図 7・10）．

さらに現在では，さまざまな植物油を炭素源として用いて 3HB と 3-ヒドロキシヘキサン酸（3HHx）の共重合体 P(3HB-co-3HHx) なども開発されている．

R: H またはアルキル基
PHA の基本骨格

P(3HB-co-3HV)

P(3HB-co-3HHx)

P(3HB-co-4HB)

しかしながら，微生物が体内に蓄えることのできるポリエステルの量は，乾燥菌重量あたり30％程度で，人間の体の脂肪率と同じ程度である．この割合では微生物生産によるポリエステルの価格が1 kgあたり1000円以上となり，一般の汎用プラスチックに取って代わることは難しかった．そこで，土肥らは遺伝子組換え技術

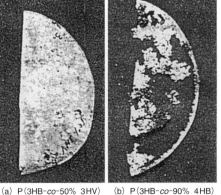

(a) P(3HB-co-50% 3HV)　　(b) P(3HB-co-90% 4HB)

図7・10　土壌中に6週間埋めて微生物により分解されたバイオポリエステルフィルム（フィルムの黒色部分が分解を示している）［土肥義治教授 提供］

を利用し，高性能ポリエステルを大量に体内に蓄積する微生物をつくり，乾燥菌重量あたり80％以上のポリエステルを蓄積させることに成功した（図7・11）．この技術が工業化されると，汎用プラスチックと十分に競合できるであろう．

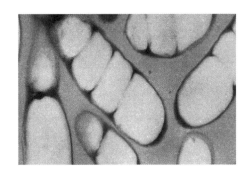

図7・11　ポリエステル（白い部分）を体内に蓄積した遺伝子組換え微生物の電子顕微鏡写真［土肥義治教授 提供］

7・6・2　化石資源を原料とする生分解性のプラスチック

前項で述べたように，多くの微生物は脂肪族ポリエステルを分解することができるので，二価アルコールとジカルボン酸の重縮合体（ポリエステル）は生分解性が期待できる．化石資源からつくられる1,4-ブタンジオールとコハク酸，またはエ

チレングリコールとコハク酸から，それぞれ生分解性のポリエステルである**ポリブチレンスクシナート（PBS）**と**ポリエチレンスクシナート（PES）**が得られる（反応式は p.163 参照）．

ポリブチレンスクシナート（PBS）　　　ポリエチレンスクシナート（PES）

また，PLA と同様の脂肪族ポリエステルである**ポリカプロラクトン（PCL）**は，ε-カプロラクトンの開環重合により得られる生分解性のプラスチックである．

ε-カプロラクトン　　　ポリ(ε-カプロラクトン)（PCL）

7・6・3 バイオマスを原料とする非生分解性のプラスチック

先にも述べた PBS や PES などの原料として用いられている二価アルコールのバイオマス化は，バイオプラスチックの開発に多大な貢献が期待される．近年，デュポン社は，遺伝子操作技術により，ほぼ 100％の効率でグルコースから 1,3-プロパンジオールをつくる大腸菌を開発し，この 1,3-プロパンジオールとテレフタル酸の縮合重合により得られる**ポリトリメチレンテレフタラート（PTT）**が製品化されている．また，§7・4 で述べたエンジニアリングプラスチックをバイオマスからつくることも可能となってきている．ポリアミド（p.163）の一種で，ヒマシ油（リ

ポリトリメチレンテレフタラート（PTT）　　　ポリアミド 11（PA11）

シノール酸トリグリセリド）を原料に，数段階の化学プロセスを経てつくられる**ポリアミド 11（PA11）**は，100％バイオマス由来のバイオマスエンジニアリングプラスチックである．

また，三菱化学株式会社は，植物由来の安価なグルコースを主原料とし，化石資源

由来の原料および二酸化炭素排出量をそれぞれ6割および4割削減したポリカーボネート樹脂を開発し,光学用途,自動車用途などで実用化している.このエンジニアリングプラスチックの開発と商業化は,2014年度GSC賞の受賞対象となっている.

現在生産されているプラスチックの25%程度を占めるポリエチレン(PE)の原料を化石資源からバイオマスに転換すれば,プラスチック生産における化石資源の消費を大きく削減できる.まず,玄米から日本酒をつくるように,サトウキビの搾り液である糖液の精製後に出る廃糖蜜を発酵し,エタノール(バイオエタノール)を得る(p.118参照).このエタノールからPEの単量体であるエチレンをつくり,ついでエチレンの付加重合反応によりポリエチレン(**バイオポリエチレン**)が得られる(図7・12).

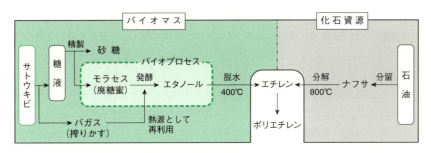

図7・12 バイオマスおよび化石資源からのポリエチレンの生成

これらのプラスチックは,いずれもポリエステルではないので生分解性はないが,バイオマスが原料であるために,化石資源の消費を抑え,環境への負荷を少なくすることができる.

7・7 バイオプラスチックの評価の方法

バイオプラスチックの実用化に際して欠かすことができないのは,バイオマスプラスチックでは,そのプラスチックがバイオマス由来なのか化石資源由来なのか,あるいはどの程度のバイオマスが含まれているのかを評価することであり,グリーンプラスチックの場合には,自然界における分解性すなわち生分解性の評価である.

プラスチック原料の由来は,**放射性炭素年代測定法**(カーボン・デーティング,C14法)で評価できる[4].C14法とは,動植物の内部にある炭素の放射性同位体 ^{14}C の割合が生存中は一定であるのに対し,新しい炭素が供給されなくなる死後には,^{14}C の割合が減少する性質に基づき,動植物が遺骸となった年代を測定する方

法である．したがって，数千万年から数億年前の動植物の遺骸からできたとされる化石資源とわれわれのライフサイクル（数十年～100年）内でできたバイオマス中の ^{14}C の濃度の違いを測定することで，プラスチック材料中のバイオマス由来の割合を評価できる．

プラスチックの生分解性を評価する方法には，1) 土壌を用いる方法（土壌法），2) 特定の微生物を用いる方法（微生物法），3) 微生物が分泌する酵素を用いる方法（酵素法）などがある[6]．

土壌法のうち，自然環境下で直接生分解性を評価する方法はより実際的であるが，その評価試験に長期間を要するうえに，場所や季節などによりバラツキがあり，再現性に乏しいという欠点がある．しかし，自然環境下で実際にどのように分解するかを知ることは重要である．一方，自然環境下で達成しにくい再現性をあげるために，特定の土壌を用いて実験室内で行うポット試験法もある．

微生物法は，試験する試料に適した微生物を用い，適当な培地を利用して分解性を調べる方法である．室内で容易に実験ができるが，自然環境を忠実に反映しているとはいいがたい．

酵素法は，微生物が菌体外に分泌する酵素を利用して分解性を調べる方法である．微生物は，酵素を分泌し，高分子量のプラスチックを低分子量の化合物に分解して，栄養源として体内に取込むことから，その分解酵素がわかれば，それを利用して分解性を調べることができる．この方法では，少量の試料を使って，定量性，再現性にすぐれたデータを得ることができるが，実際の自然界での分解性を必ずしも反映していないという欠点がある．

7・8 バイオプラスチックの用途[7]

バイオプラスチックのうち非生分解性のバイオマスプラスチック（図7・7の③）は，バイオポリエチレンやPA11のように，これまでの汎用プラスチックや新しいエンジニアリングプラスチックとして利用できるものも多くあり，レジ袋などの日用品，電気・電子部品，自動車内装材などさまざまな用途で商品化され，化石資源の消費削減に大きく役立っている．しかし，これらは自然界の微生物によって分解されないので，廃棄されれば環境汚染をひき起こすことを忘れてはならない．

一方，グリーンプラスチック（図7・7の①と②）は自然界で分解されるとはいえ，これらをつくるときにエネルギーを消費していることに変わりはないので，やはり安易に使用されることがあってはならない．本文中にも一部記載したが，グリーンプラスチックの用途として利用が進められている分野として，表7・3にあげるような使用後の回収（リユース・リサイクル）がむずかしい製品，手術後に体

表 7・3 グリーンプラスチックに期待される分野と用途

分 野	用 途 と 製 品 例
環境保全	① 農林資材：苗ポット・肥料袋・マルチフィルム・剝皮防止ネット ② 漁業資材：釣り糸・漁網・ノリ網・かにかご・人工産卵藻 ③ 土木建築資材：工事用防水シート・緑化用保水材・防草シート ④ 水処理資材：沈殿剤・分散剤・洗剤（界面活性剤）
容器包装	① 包装：各種包装フィルム（食品包装・レジ袋） ② 容器：食品トレー・各種容器（化粧品・弁当箱）
医 療	① 一般医療：手術用縫合糸・止血剤・骨折固定材 ② 再生医療：生体吸収性細胞足場材・人工皮膚・細胞移植補助材

内に残しておける医療用材料などがあげられる．

最近では，循環型社会の観点から，バイオプラスチックの再資源化（リサイクル）に関しても研究が進められているが，使用後の回収システムの確立など，まだ，解決しなければならない問題も残されている．

7・9 高分子の将来

これまで述べてきたように，今日では衣食住のどれをとっても，日常生活が合成あるいは半合成の高分子に支えられている．これまで人類がめざしてきた高分子は，高温，強い圧力，引張りなど，外部の環境変化に対抗する性質をもったものばかりである．得られた高分子は高い物理的強度，化学的安定性をもつ反面，そのすぐれた特性ゆえにいったん廃棄されたときには分解されにくく，地球環境に大きな負荷を与えている．そうした点に着目して，グリーンプラスチックの積極的な開発が試みられている．また，従来のプラスチックをバイオマスからつくることにより，化石資源に頼らない，循環型社会の実現に向けたバイオマスプラスチックの開発も積極的に行われている．しかしながら，バイオプラスチックの開発が環境問題を解決するわけではなく，むしろ，過剰な梱包，包装にみられるプラスチック漬けの生活を改め，プラスチックの総量を減らしていこうという意識が重要であり，それが徐々にではあるがみられるようになってきた．Reduce, Reuse そして Recycle の 3R を念頭において，高分子を上手に利用していくことが人類に求められている．

演 習 問 題

7・1 ビニル系の高分子で置換基が 1 種類の場合，どのような構造があるか単量体 3 個のブロックを例にとって考えよ．

7・2 タンパク質，多糖，核酸の高分子化合物としての類似点と相違点をまとめよ．
7・3 天然の高分子は微生物によって分解されるが，合成高分子は一般に分解されにくいのはなぜか．
7・4 バイオマスプラスチックおよびグリーンプラスチックに求められる特性を述べよ．
7・5 分解性プラスチックにはどのような種類があるか．
7・6 グリーンプラスチックの用途として，どのような分野が考えられるか．また，それはどうしてか．

参 考 文 献

1) 北野博巳，功刀 滋 編著，宮本真敏，前田 寧，伊藤研策，福田光完 共著，"高分子の化学"，三共出版 (2008).
2) 竹内茂彌，北野博巳 著，"ひろがる高分子の世界"，裳華房 (2000).
3) 櫻田一郎，高分子，**20**，167 (1971); 竹内茂彌，高分子，**31**，952, 1022, 1088(1982).
4) "バイオプラスチックの素材・技術最前線"，望月政嗣，大島一史 監修，シーエムシー出版 (2016).
5) "生分解性高分子の基礎と応用"，筏 義人 編著，アイピーシー (1999).
6) 井上義夫監修，"グリーンプラスチック最新技術"，竹内茂彌，水野 渡 著，'第23章 生分解性プラスチックの環境生分解'，シーエムシー出版 (2002).
7) "バイオプラスチック材料のすべて"，日本バイオプラスチック協会 編，日刊工業新聞社 (2008).

[そのほかの参考書]
- 功刀 滋 著，"高分子のはなし"，三共出版 (2014).
- 畔田博文，福田知博，森 康貴，伊藤研策，遠藤洋史，佐藤久美子 著，"これでわかる基礎高分子化学"，三共出版 (2016).
- 伊勢典夫，今西幸男，川端季雄，砂本順三，東村敏延，山川裕巳，山本雅英 著，"新高分子化学序論"，化学同人 (1995).
- "天然素材プラスチック"，高分子学会編，木村良晴 著，共立出版 (2006).
- 圓藤紀代司 著，"高分子とそのリサイクル ── 分ければ原料，混ぜれば焼却 ──"，裳華房(2004).
- "生分解性プラスチックのおはなし"，土肥義治 編，日本規格協会 (1991).
- "入門 生分解性プラスチック技術"，生分解性プラスチック研究会 編，オーム社(2006).
- "生分解性高分子"，筏 義人 編，高分子学会 (1994).
- "生分解性プラスチックハンドブック"，土肥義治ほか 編，エヌ・ティー・エス(1995).
- 望月政嗣 著，"生分解性ポリマーのはなし"，日刊工業新聞社 (1995).
- "バイオベースマテリアルの新展開 (普及版)"，木村良晴，小原仁実 監修，シーエムシー出版 (2012).

廃棄物のリサイクル

> 8・1 リサイクルは環境にやさしいか
> 8・2 循環型社会とリサイクル関連法
> 8・3 リサイクルの分類
> 8・4 おもなリサイクル

8・1 リサイクルは環境にやさしいか

8・1・1 ライフサイクルアセスメントの考え方

"リサイクルは環境にやさしいか"この問いに答えるには，製品の使用前後にどのような段階があるのか，"環境にやさしい"とは何をさすのかを説明しなければならない．

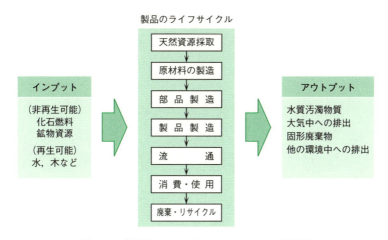

図 8・1 製品ライフサイクルアセスメントの概念図

図 8・1 は製品の生涯（ライフサイクル）を概念的に表している．製品はいくつかの部品からなり，それぞれにはさらに小さな部品や素材が使われている．素材のもとは資源であって，天然資源を採掘し素材製造のプロセスが必要である．さら

に，使用後の製品は廃棄物として処理されるか，あるいはリサイクルされて一生を終える．すなわち，図8・1は製品の**"ゆりかごから墓場まで**（cradle-to-grave）**"**を表している．実際には一つの製品に数多くの部品，素材が使われ，ある部品が他製品に使用される場合もあるため，図8・1のフローは大変複雑である．

"排出ガス発生の少ない車は，そうでない車と比べて環境にやさしい"と考えるだろう．しかしこれは，図8・1の使用段階のみの判断であり，大気汚染物質は，ライフサイクルの他の段階でも排出されている．ライフサイクルのすべてにわたる汚染物質量を合計して製品を評価する手法を，**ライフサイクルアセスメント**（LCA, lifecycle assessment）とよんでいる．また大気汚染物質以外にも，水汚染物質，廃棄物などの排出がある．さらに排出物ではないが，天然資源は数億年にわたって蓄積されたもので，いったん掘り出したら復元できない．森林は回復可能だが，元に戻るには数世代の時間がかかる．このため，資源採取も地球に対する負荷と考えることができる．LCAでは，プロセスからのアウトプットとともに，これらのインプットも含めてさまざまな環境影響と考える．

以上のことから，"リサイクルのよさは，ライフサイクルにわたるさまざまな環境負荷量を合計して判断しなければならない"が，最初の問いに対する答えとなる．

8・1・2　ライフサイクルからみたリサイクルの効果

製品ライフサイクルの視点から，リサイクルの意味を考えてみよう．図8・2は，図8・1のプロセスを簡略化して描いているが，リサイクルが行われなければ，資

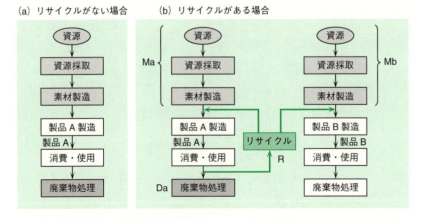

図 8・2　リサイクルの効果（環境負荷量，エネルギー消費量が Ma + Da ＞ R または Mb + Da ＞ R ならば良いリサイクル）．M, D, R はそれぞれの工程の環境負荷量を示す．

源採取から廃棄までは図8・2(a) のような流れとなり，各段階で環境負荷発生がある．流れは，一過性（一方向）である．

一方，ガラスびんを再びガラスびんに戻すように，使用後に同一製品へリサイクルされる場合は"リサイクル"を経て製造段階に戻る上向きの流れが加わる．もしすべての製品がリサイクルされるなら，図8・2(b) 左の Ma，Da はいらなくなる．一方で新たに R が加わるので，§8・1・1で述べた環境負荷量，たとえば二酸化炭素排出量について $Ma + Da > R$ ならば，リサイクルを行うことによって二酸化炭素排出量は減少することになる．別の製品へのリサイクル，たとえばガラスびんからグラスウールが製造される場合には，図8・2(b) の右のようになる．すべて回収されたガラスびんでまかなえるならば，今度は $Mb + Da > R$ が，リサイクルが得になる条件である．実際には図8・1(b) では100%再生物を用いることはほとんどなく，再生物と天然資源を一定の割合で使用するので，天然資源の一部を代替するとして環境影響の減少割合を計算することになる．

8・1・3 リサイクルの必要性

一般的にいって，以下の理由のためリサイクルは環境にやさしい[1]．

1) 廃棄物として処理しなければならない量が減る．もし古紙回収がなくなれば，家庭から出される"ごみ"は2〜3割増加する．LCAによる評価とは別に，ごみ，資源物のどちらとして扱うかは，重大である．
2) 天然資源の消費量が削減される．すべての資源は有限であるといってよく，リサイクルは資源の寿命を延ばす．
3) エネルギー消費量が削減される．これは，製品のライフサイクルにおいて，資源採取，素材製造プロセスにおけるエネルギー消費が，他の段階に比べて大きいためである．

もう一度，図8・2(b) を見てみよう．以上のことから，リサイクルが環境にやさしくないとしたら，

① Ma あるいは Mb がもともと小さい（代替する製品自体，製造までの環境負荷が小さく，削減する意味がない）
② 得られる代替物量が少ない（再生品の収率が低い）
③ R が過大である（エネルギー消費，環境負荷発生が大きいプロセスである）

場合である．廃棄物処理の環境負荷量（Da）が大きいことは，実際にはあまりない．図8・2の記号は，コストと読み替えても同じであり，Ma あるいは Mb は生産コストにあたる．よく批判されるのは，コスト（R）が大きいのに，得られる製品の価値（Mb）が低い例である．こうしたリサイクルは避けるべきである．

8・2 循環型社会とリサイクル関連法

　江戸時代は，何でも再利用した"リサイクルの時代"といわれているが，1960年代まではさまざまな種類のくず（繊維類，金属類，ゴムなど）を買取る業者がいた．当時は新しい製品の入手が限られており，回収物が比較的高く売れた．つまり，単に再利用が安かったから回収されていた．

　ところが1960年代に始まる高度成長によって，製品は大量に安く供給されるようになった．市民は収入が増加して買うことが容易となり，一方では人件費が上がって回収費が増加し，回収物の価格は相対的に低下した．こうして回収の必要性，動機づけはなくなり，図8・2(a)のような大量生産・大量消費・大量廃棄の時代となった．

　大量消費・廃棄（mass consumption and disposal）の見直しは，廃棄物の不法投棄，焼却施設から排出されるダイオキシン問題，埋立地からの漏水の疑いなどを背景として，1990年代後半に始まった．図8・2(a)のままでは処理すべきごみが増大する．リサイクルをしてもすべて資源化できるわけではなく，また資源化プロセスからも残渣が発生するので埋立地は必要である．しかし住民の反対のために新規建設が困難となっており，多くの自治体において埋立地不足はごみ処理における最も深刻な課題である．また**地球温暖化**の影響が現実的となり，環境問題への取組みが待ったなしの状況となった．一部の金属資源，エネルギー資源も，可採年数の減少が心配されている．これらはすべて，§8・1・3で述べたリサイクルの効果によって軽減できる．

　大量消費・廃棄社会に代わるべき社会として，"天然資源の消費を抑制し，環境への負荷を低減する"**循環型社会**（sound material-cycle society）が目標とされている．具体的方法の優先順位として**3R**（発生抑制 Reduce ＞再使用 Reuse ＞再生利用 Recycle）があげられているが，このうち最初の二つのRを社会の中心とすることは現実に難しく，効果もすぐには得られない．そこで，第三のR，リサイクルの仕組みを整える必要が生じた．図8・2(b)は，このうち再資源化のみを描いたものにあたる．

　古紙，再利用可能なガラスびん（リターナブルびん）は，リサイクルの優等生といわれていた．前者は1962～63年頃現れた，ちり紙交換業者によって，現在はおもに集団回収により回収されている．しかし販売店を通じて回収し，空きびんを扱うびん商によってボトラーに供給されていたリターナブルびんは利用量が減少して，缶やペットボトルなどの使い捨て容器に代わられた．ペットボトルは新たなリサイクル対象物であり，回収から資源化までのシステムづくりが必要となった．1997年以降に制定された容器包装リサイクル法，家電リサイクル法，自動車リサ

> ## 循環型社会とリサイクルに関する法律[2)]
>
> **循環型社会形成推進基本法**は循環型社会形成の基本的枠組みを定める法律であり，循環型社会の目的を天然資源の消費を抑制し，環境への負荷をできる限り低減することとしている．この目的のために以下の法律が制定されている．
>
> 家庭生活に関連するものとしては，飲食料品を含めた容器包装に対する**容器包装リサイクル法**，家電4品目（冷蔵庫，テレビ，洗濯機，エアコン）を対象とした**家電リサイクル法**がある．いずれも回収から再資源化までの仕組みと関係者の役割分担を定め，製品の使用後までの責任を事業者に義務付けた拡大生産者責任の概念が具体化された法律である．このほかに，使用済み自動車を対象とした**自動車リサイクル法**，携帯電話，デジカメ，ドライヤーなど4品目以外を対象とした，**小型家電リサイクル法**がある．
>
> 事業活動を対象としたものには，建設工事における再資源化を中心とした**建設リサイクル法**，食品関連事業者に食品廃棄物の発生抑制，再生利用などを求める**食品リサイクル法**，家畜糞尿などの適正な管理と資源として有効利用を促進するための**家畜排せつ物管理法**がある．いずれも一定規模以上の事業者が対象である．また**資源有効利用促進法**は，事業者が取組むべき発生抑制，再利用，リサイクルを容易にする設計，回収などを定めており，ガラス製造における廃ガラスの利用，容器包装の材質表示，パソコンや二次電池の回収などは，この法律に基づいている．
>
> リサイクルは再生資源・再生品が使用されなければ完結しないため，**グリーン購入法**によって国などの公的機関に対し再生資源の利用推進をはかっている．対象となる製品は，環境配慮の視点から定められるので，紙類，文具類のほか家電製品，OA機器，土木資材など幅広い製品が含まれており，事業者の自主的取組みも進んでいる．

イクル法はいずれも，新たなリサイクルを始めるためにつくられた法律である．

8・3 リサイクルの分類

リサイクル方法は，マテリアルリサイクル，ケミカルリサイクル，サーマルリサイクルの三つに分類することが多い．しかし，プラスチックの油化はケミカルリサイクルに分類されるが，得られた油を燃料として使うならばサーマルリサイクルとよんでもよさそうである．これはリサイクルの方法には"どのように"（変換方法）と"何を（回収）"（利用方法）の側面があり，どちらから見るかによって分類が変わるためである．それならば，図8・3のように両側面の組合わせによって整理するのが合理的である．

図の縦方向は変換技術である．破砕・成形などは機械的変換なので"メカニカル"，生ごみなどの有機物には生物学的処理として"バイオロジカル"に分類できる．分解・還元などは"ケミカル"（化学的），燃焼・焼成，熱分解などは"サーマル"（熱的）技術である．焼却施設における発電のように，特別な事前の変換技術を必要としない場合もあるので"特になし"も区分として含めた．一方，横方向は

		回収物（Recovery）			
		マテリアル（元の素材）		マテリアル（別の物質）	エネルギー（熱・電力）
		元の用途	他用途		
おもな変換技術	特になし（何もしない）	リターナブルびん			ごみ発電 / セメント焼成
	メカニカル（破砕・再成形など）	ガラスびん，スチール缶，古紙 / プラスチックのマテリアル利用		路盤材（ガラス） / 建材（古紙）	RDF / RPF
	ケミカル（分解・還元など）	モノマー化（プラスチック）			
	サーマル（燃焼・焼成など）			焼成タイル / 炭化（有機物） / 油化，ガス化 / 高炉還元剤化 / コークス炉化学原料化	
	バイオロジカル（生物分解・発酵など）			堆肥化（生ごみ）	メタン発酵（生ごみ）

図 8・3　リサイクル方法の分類　変換技術と回収物による．■はプラスチックのリサイクル方法．

回収物であり，素材が回収される場合には元の素材に戻すか，別の物質として使うかに分けられる．これらは"マテリアル"回収であり，前者の場合は用途でも区分できる．回収物としては，熱，電力などとしての"エネルギー"回収もある．名称については変換技術と回収物を明確にするため，"サーマル"と"エネルギー"，"メカニカル"と"マテリアル"という別の用語とした．

各種のリサイクル方法は，図 8・3 中の位置によってその特徴を表すことができる．**RDF**（Refuse Derived Fuel，ごみ燃料）とはごみを破砕し，成形してごみ燃料とする技術であるが，破砕，成形というメカニカル技術によって RDF を製造し，回収するのはエネルギーである．これに対し，ごみ発電はエネルギーを回収する点

では同じだが，ごみに対する変換は特に行わない．ガラス，金属などの無機物質のリサイクルは，主としてメカニカル技術によるマテリアル利用である．有機性廃棄物はバイオロジカル（堆肥化，メタン発酵），サーマル（炭化），メカニカルなど，さまざまな変換プロセスがある．　　で示したプラスチックはさらに変換技術，回収物ともに多様であり，分類も複雑である．プラスチックの油化はサーマル技術の一つである熱分解技術を用い，回収した油の利用方法としては化学原料（マテリアル利用）と，燃料（エネルギー回収）がある．高炉還元剤化，コークス炉化学原料化はいずれも製鉄所で還元剤，コークス製造に使うもので，サーマル技術ではあるが原料利用と考え，油化，ガス化とともにケミカルリサイクルに分類されている．図中の **RPF**（Refuse Paper and Plastic Fuel）とは，プラスチックと紙を原料とした RDF のことである．

　リサイクルの方法は元の素材に戻すマテリアルリサイクルが最も望ましく，ケミカル，サーマルは優先順位が低いと考える傾向がある．何も利用することなく燃やしてしまうのは，確かに無駄である．しかし発電には主として化石燃料を用いるので，図右上のごみ発電は発電効率が高ければ二酸化炭素の大きな削減となる（図8・2中の Mb が大きい）．すなわちリサイクル方法の比較は，マテリアル，ケミカル，サーマルという分類別に順位が定まるのではなく，どのような回収物が得られるかで評価しなければならない．図8・2(b) において，製造までの環境負荷発生が大きいものを代替でき，リサイクル過程の環境負荷発生が過大ではない利用方法が望ましいリサイクルである．"どれだけ天然資源の消費抑制，環境負荷の低減，エネルギー消費量の低減"につながるかによって方法を選ぶのが，正しいリサイクルの選択である．

　なお，日本では焼却による熱回収をサーマルリサイクルに含めることがある．しかし EU では再度利用するのがリサイクルの条件であり，熱的技術によって原料を得ることをサーマルリサイクル，焼却は"熱回収を行う焼却"とよんでいる．

8・4　おもなリサイクル

　以下では，主要なリサイクルの方法と現状，図8・2(b) から見たリサイクルの良さあるいは問題点について説明しよう．

● 古　紙

　紙は，木材の繊維を水中でほぐしすき上げて製造する．取出されたセルロース繊維を **パルプ**（pulp）とよび，木材チップに水酸化ナトリウム（NaOH），硫化ナトリウム（Na_2S）を加えて高温煮沸して得られる化学パルプと，機械的に擦りつぶしてつくられる機械パルプがある．これらを合わせて木材パルプとよぶ．一方，紙

を水に浸すと繊維を容易に取出すことができ，これを**古紙パルプ**（recycled pulp）とよぶ．用途に合わせて木材パルプと古紙パルプを配合して使う．紙パルプ製造のエネルギー消費量は，木材パルプ製造の $\frac{1}{3} \sim \frac{1}{5}$ といわれ，古紙利用のメリットは大きい．

紙のリサイクルには，以下の二つの指標がともに高いことが望ましい．

$$古紙回収率 = \frac{製紙メーカーへの古紙入荷量}{紙・板紙国内生産量}$$

$$古紙利用率 = \frac{古紙パルプ使用量}{繊維原料使用量}$$

2000年にはどちらも57%程度であり，回収と利用のバランスが取れていた．しかし2015年には古紙回収率が81%に達したのに対し，古紙利用率は64%にとどまっている．これは生産量の33%を占める印刷・情報用紙の利用率が22%と低いためであり，再生紙の質の低さが，古紙利用率増加の妨げとなっている．質を表す一つの指標が白色度であり，紙の光反射量を酸化マグネシウム標準白板の光反射量を100として表す．紙パルプ100%のコピー用紙は80，新聞紙は55程度である．白色度は漂白によって高くできるが，多量の漂白剤，見た目を白くするための蛍光増白剤の使用が必要である[3]．すなわち古紙リサイクルによって資源，エネルギーは節減できる．漂白剤としてはおもに塩素系が使われていたが，焼却時のダイオキシン発生の懸念のため分子状塩素を使わないECF（Elemental Chlorine Free）パルプ，二酸化塩素など塩素元素を含む漂白剤も使わないTCF（Total Chlorine Free）パルプの利用が進んでいる．後者は，オゾン，過酸化水素（H_2O_2）などによる無塩素漂白である．白色度を過剰に求めることを止めることができれば，漂白剤，脱墨剤などの使用量を削減でき，同時に古紙利用率を高めることにもつながる．

● **生ごみ（バイオマス）**

生ごみのリサイクル方法としては，発電，ごみ燃料化，炭化などの熱的利用もある．しかしその特性を考えれば，生物的変換がもっともふさわしい．ここではその代表的な方法として，堆肥化とメタン発酵について説明する．

堆肥化（composting）は，有機性廃棄物を好気性微生物により分解する方法であり，わが国では発酵槽内で機械的に通気，撹拌などを行い，短時間で堆肥化反応を進める高速堆肥化技術が一般的である．生ごみの水分は80%程度と高いため，もみがら，おがくずなどの副資材を加えて通気性を高める必要がある．堆肥化は常温近くでの緩やかな燃焼であり[4]，発熱する．したがって温度は発酵状態のよい指標であり，運転状態のよい発酵槽の温度は60℃以上となる．生産物として得られる**堆肥**（compost）は有機性肥料，土質改良材として使用されるが，未分解有機物が

残っていると散布した後に分解し，植物の生育に悪影響を及ぼす．そのため1～2週間程度の一次発酵の後，2～3カ月の熟成が必要である．堆肥化は比較的簡単な技術であり，環境には望ましい技術である．しかし処理過程で臭気発生があり，質のよい堆肥をつくるための住民の分別協力，生産された堆肥の需要先確保が課題となる．処理量は少なく，年間処理量合計は焼却施設のそれの200分の1にすぎない．

一方，**メタン発酵**（methane fermentation）は嫌気性微生物による分解であり，メタンガスを回収できることから**バイオガス化**（biogasification）ともよばれている．特殊な微生物を必要としない堆肥化と比べて，メタン発酵はさまざまな種類の微生物が関与する複雑なプロセスであり，発酵槽内の高度な制御が必要となる．メタン発酵には，さまざまな中間生成物を経由する分解経路があるが，最終産物は同じである．したがって有機物の組成がわかれば，次式によってガス発生量，組成を求めることができる．

$$C_nH_aO_b + \left(n - \frac{a}{4} - \frac{b}{2}\right)H_2O \longrightarrow \left(\frac{n}{2} + \frac{a}{8} - \frac{b}{4}\right)CH_4 + \left(\frac{n}{2} - \frac{a}{8} + \frac{b}{4}\right)CO_2$$

炭水化物の場合，メタンガスと二酸化炭素の比は1：1である．

メタン発酵は従来，高濃度有機性排水に用いられていた技術であるが，生ごみなどの固形廃棄物にも応用できる．おおよそ図8・4のようなフローであり，発生ガ

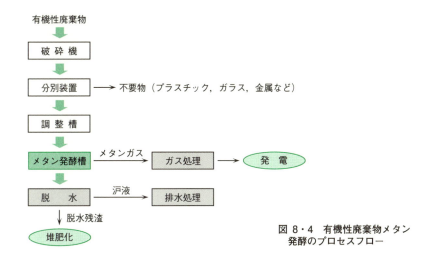

図8・4 有機性廃棄物メタン発酵のプロセスフロー

スは**バイオガス**（biogas）とよばれる．天然ガス，あるいは発電すると電力として使用できるが，実際には発生電力が施設の運転に使用され外部への取出し量が小さい，沪液は肥料として使えなければ高度な排水処理が必要となるなどの課題があ

る．すなわち，§8・1・3②③の問題である．これに対して，メタン発酵と焼却を組合わせたコンバインドシステムが実用化段階にある．生ごみを対象とする場合には分別回収率の低さが問題となるが，生ごみを含む可燃ごみを破砕・選別して生ごみ，紙類とそれ以外に分け，それぞれメタン発酵，焼却する．メタン発酵の脱水残渣も焼却し，効率的にエネルギー回収しようとするものである．固形分の多い乾式メタン発酵技術を用い，紙類を処理でき，排水が発生しないことも特徴である．

● **プラスチック類**

家庭ごみに占める容器包装の割合は大きい．環境省によれば，1998年における家庭ごみ全体のうち容器包装は容積で65％（重量は27％）を占め，容器包装の容

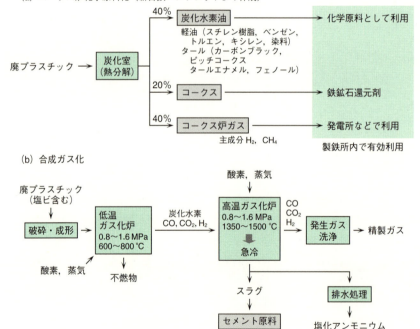

図8・5 その他容器包装プラスチックの熱分解・ガス化によるリサイクル

積のうち96％がプラスチックと紙であり，特にプラスチックは全体の3分の2であった．こうした状況を背景として2000年に容器包装リサイクル法が完全施行され，ペットボトル，その他プラスチック製容器包装（以下，その他プラスチック）

のリサイクルが始まった．プラスチックのリサイクル方法には図8・3のようにさまざまなものがあるが，おもなものについて説明する[5]．

"その他プラスチック"の大半は，図8・3でサーマルに分類した方法によってリサイクルされている．変換方法として，まず熱分解・ガス化によるものがある．**コークス炉化学原料化**（図8・5a）は，廃プラスチックを製鉄所高炉用コークス炉に石炭の代替物として投入し，無酸素状態での熱分解によって炭化水素油，コークス，コークス炉ガスを回収し，それぞれ製鉄所内の化成工場，高炉，発電所で有効利用される．前処理として異物およびポリ塩化ビニル（PVC）を除去し，成形してから投入する．**合成ガス化**（図8・5b）は，酸素と蒸気による部分酸化によってH_2，COを主成分としたガス（合成ガス）を製造するものである（酸素を十分に与

海外に依存するリサイクルの不安定さ

経済のグローバル化は，リサイクルにおいても起こっている．ペットボトルは1997年から容器包装リサイクル法の下で回収・リサイクルが始まった．2006年の市町村回収実施率は96％に達し，2008年時点で71のリサイクル施設が稼働して，回収，再生の体制が整った．市町村が回収したペットボトルは（分別基準を満たす必要があるが），入札によって再商品化事業者が決定され，自治体から事業者にリサイクル費が支払われる．この落札価格は施設整備による受入れ可能量の増加によって年々低下し，自治体の負担が小さくなった．ところが，中国への輸出増加が思わぬ結果をまねいた．経済が好調な中国は，ぬいぐるみなどの中綿のため再生繊維を必要とし，国内調達よりも安い日本からの買付けを進めている．その結果，日本国内の落札価格は1998年に76,000円であったのが，2005年には14,000円，2006年にはついに−17,000円となった．つまりリサイクル業者が，逆に買わなければならない事態となった．2006年時点で40％以上が輸出されているとされ，国内再生業者にはペットボトルが集まらず，リサイクルシステムが停止状態となった．

古紙は，自治体が関与する回収の増加によって余剰となり価格が低下した．回収がコスト割れになる事態も生じ，その対策として2000年ころから中国を中心とするアジアへの輸出を開始した．価格は回復したが，今度は逆に国内での必要量が不足している．くず鉄は中国の経済成長によって輸出が増加し，価格が高騰した．しかし成長に陰りが生じると，2008年8月からわずか3カ月の間にトン7万円から1万円に急落し，ペットボトルの輸出も急激に減少した．

リサイクルは需要と供給の関係によって価格が決まるという市場メカニズムによって平衡が成り立っていた．わずかなバランスの変化が，価格変動につながる不安定さをもつが，海外への依存が強まることによってその危険が増している．

えると，完全酸化＝焼却になる）．低温ガス化炉で部分酸化により生成された炭化水素，CO，CO_2，H_2 を主成分とするガスを，高温ガス化炉で再び酸素，蒸気により部分酸化させて CO，CO_2，H_2 を主成分とするガスとする．生成ガスはガス冷却塔で水洗して残留する塩化水素を除去し，循環水中の塩化水素は塩化アンモニウムとして回収する．

高炉還元剤としての利用は，製鉄用高炉において，鉄鉱石還元用のコークスあるいは微粉炭の代替材として廃プラスチックを使用するものである．前処理はコークス炉化学原料化とほぼ同じであり，鉄鉱石（Fe_2O_3，Fe_3O_4，$Fe_2O_3 \cdot nH_2O$ など）をプラスチック中の炭素，水素によって Fe に還元し，廃プラスチックは燃料の役割も果たす．

以上の三つの方法で，"その他プラスチック" の 62% がリサイクルされている（2015 年）．なお，熱分解を利用した方法に**油化**がある．300〜320 ℃ に加熱して PVC を分解除去し，400〜500 ℃ に加熱して発生したガスを軽質，中質，重質留分に分留する技術であるが，"その他プラスチック" の処理割合としては，1% 強にすぎない．このほかにマテリアルリサイクルや，単に燃やしてエネルギーを回収する方法もあるが，どれが望ましいかは，図 8・2(b) において回収物が代替するものの価値によって判断しなければならない．

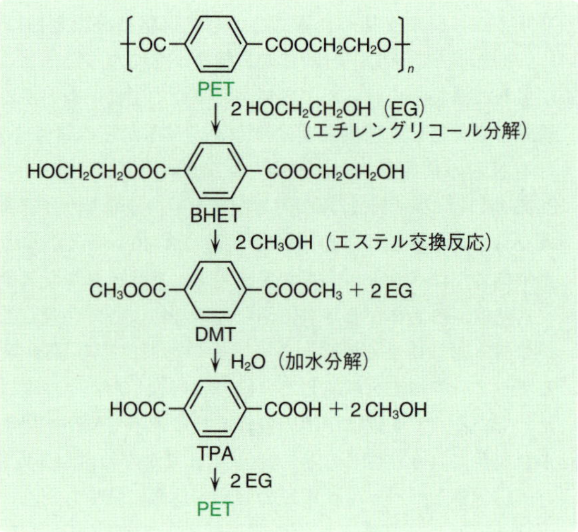

図 8・6 ペットボトルの化学分解（DMT 法）

ペットボトルは繊維，シートなどのマテリアルリサイクルが大半であるが，ケミカル変換技術として**モノマー化**（monomerization）がある．その一つである DMT

法はペットボトルを粉砕・洗浄し，エチレングリコール（EG）を加えてビスヒドロキシエチレンテレフタラート（BHET）に解重合し，得られた粗 BHET をメタノール中で再結晶し，蒸留工程を経て高純度ジメチルテレフタラート（DMT）を得る．さらに，加水分解によってテレフタル酸（TPA）に変換するものである（図8・6）．しかしモノマー化は処理コストが高く，海外（特に中国）への輸出によって入札価格が低下すると急激に競争力を失ってしまった．

● スチール缶・アルミ缶（金属）

　金属類は，特にエネルギー，天然資源，廃棄物発生の点で，リサイクルすることのメリットが大きい．アルミはボーキサイトから電気分解によってアルミナを抽出するのに大きなエネルギーを必要とし，再生アルミを使用する場合は，その3％で済む[6]．スチール缶は，スクラップ利用によって鉄鉱石から鋼材を製造するのに比べてエネルギーを75％節約でき[7]，同時に天然原料となる鉄鋼石，石炭，石灰石の節約にもなる．鉄鉱石中の酸化鉄を還元溶融する際に発生する残渣（スラグ）は SiO_2, Al_2O_3, CaO を主成分とし，多くは有効利用されているが道路路盤材など利用の質は低い．スチール缶のリサイクルはこうした廃棄物発生を減らすことになる．

　アルミ缶は，回収量の74.7％（2015年）を再びアルミ缶原料として使用している．これを"CAN to CAN"とよんでおり，元の姿に戻すことのできる理想的なリサイクルと考えられている．ただしアルミ缶は，ふた部と胴部にそれぞれ開栓，加工が容易となるよう硬質，軟質のアルミ合金が使用されている．後者の重量比が大きいため溶解アルミは胴部の組成に近く，したがって胴部に用い，ふた部分には新地金を混ぜている．一方，スチール缶は鉄スクラップの一つだが，いわゆるスクラップ量は膨大である．缶スクラップはそのごく一部にすぎず，全国約80箇所の製鉄工場（電炉・高炉・鋳物工場）でさまざまな製品が生産される．そのため"何にでも""何度でも""Can for all, all for can"をキャッチフレーズとしている．

● ガラスびん（無機物の代表）

　ガラスびんのうち，洗って何度も使うことができるビールびん，1.8リットルびんなどを，**リターナブルびん**（returnable bottle）とよんでいる．これに対して調味料，薬品などの使い捨てびんは，ガラスくず（カレット）として再びガラス原料としてリサイクルできる．原料中のカレット割合を高めることにより，ケイ砂，石灰石などの天然資源を節約し，溶解炉の燃料使用量を削減できるが，以下のような問題がある．

1) カレットに異物が含まれるとびんの傷，ひび割れの原因となるため，要求品質は厳しい．たとえばアルミ混入率は 1 kg 中 2.5 mg 以下でなければならず，

多段階の選別を必要とする．陶磁器や細かいアルミは機械除去が困難なので手選別が必要となり，コストがかかる．
2) 容器包装リサイクル法の施行以降，自治体による回収が増加した．しかしごみ収集と同じ機械式収集車を用いる場合が多く，収集の時点で割れるため施設で回収できず，埋立てされる割合が高い．
3) カレットは色別に分けられる．透明，茶色はびん原料として使用される割合が高いが，その他の色のびんは，大半がグラスウール，道路路盤材として砂利・砕石代わりに使用されている．
4) びん工場は，関東，関西に偏在している．工場から遠方の場合，輸送費が高くリサイクルのメリットがなくなる．

すなわち，§8・1・3の①②③の問題（③はここではコスト）を抱えている．
リターナブルびんは，平均して20回程度使用されるといわれる．しかしスーパーマーケットの広がりによってセルフサービス販売が定着し，同時にアルミ缶・スチール缶，さらにはペットボトルに取って代わられ，この優れたリユースシステムは崩壊状態にある．

● **製 品**（複合物）
製品は，さまざまな部品，素材からなっている．そのため，これまでに述べたものと異なり，解体，破砕・選別が必要となる．ここでは2001年に施行された家電リサイクル法によるリサイクルについて説明する．

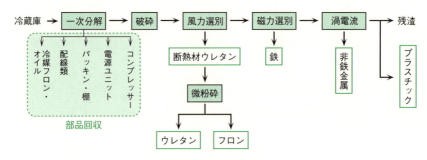

図 8・7 冷蔵庫の解体フロー

家電製品には鉄，アルミ，銅などの有用金属が含まれており，資源としての価値が高い．リサイクルによって廃棄物量も減少するが，最大の効果は金属資源消費の節減にあるといえる．

8・4 おもなリサイクル

家電リサイクルはエアコン，テレビ，冷蔵庫，洗濯機を対象としているが，冷蔵庫の処理フローは図8・7のようである．まず，冷媒フロンおよびオイルを回収し，配線類，コンプレッサーなどの部品を取外す．冷蔵庫筐体を破砕し，風力選別により断熱材ウレタンを回収したのち，金属，プラスチックを回収する．断熱材ウレタンは微粉砕され，断熱材中に含まれるフロンを活性炭吸着，冷却後回収する．フロンは分解処理され，ウレタンは圧縮固形化する．破砕，選別を除けば，製品の解体はほとんどが手作業で行われる．資源有効利用促進法に基づいて2003年から回収されているパソコン（事業用は2001年から），2013年から始まった小型家電のリサイクルも，大部分の解体は手作業に頼っている．

製品の部品のうち電子基板には，金，銀などの貴金属が，天然鉱石よりはるかに高濃度で含まれている．また，液晶に使われるインジウム，磁気ディスクに使われ

レアメタル[8),9)]

使用量の多い鉄，銅，アルミニウム，亜鉛をベースメタル（汎用金属）とよぶのに対し，希土類17元素を含む47元素が**レアメタル**と定義されている．"レア"の名称に表されるとおり地殻中の存在量が小さい，あるいは存在量は多くても採掘が経済的に困難であるため，ベースメタルに比べて高価である．ベースメタルがおもに素材として利用されるのに対し，レアメタルはステンレスに使われるニッケル，触媒として使われる白金など，特殊な機能を発揮させることが特徴であり，高機能素材とよぶことができる．特殊合金，難燃剤，磁性体などがその例である．従来の家電製品にはあまり使われていなかったが，パソコン，デジカメ，スマートホンなどのハイテク機器に多く使われるようになった．希少金属である金，銀は広義のレアメタルに含めることがある．レアメタルは使用量の増加に伴って枯渇が心配されている．年間使用量と可能採掘量の比を可採年数というが，レアメタルはおおむね数十年以下であり，液晶パネルに使用されるインジウムは56年といわれている．しかもレアメタルは，産出場所に偏りがある．白金は南アフリカに世界生産量の7割，アンチモンは中国に8割というように，レアメタルの多くは埋蔵量が上位3カ国で70%以上を占めており，戦略的な確保のため，国際的な争奪の対象となる可能性がある．しかし金属の"地下資源"は有限だが，金属自体は地球上からなくなることはない．"地上資源"に形を変えたと考えると，ハイテク製品を大量に使用しているわが国は，製品あるいは廃棄品中に最良の鉱床をもっているのと同じである．将来使用するための保管製品は**都市鉱床**（urban deposit）とよばれており，製品の回収技術の向上，循環的利用の推進が必要である．

る白金, ルテニウムなどの**レアメタル** (rare metal) が豊富に使用されている. そのためこれらの金属を含む廃製品などは**都市鉱山** (urban mine) にたとえられる. パソコン, 小型家電のリサイクルはその回収をおもな目的としている.

演 習 問 題

8・1 窒素を含む有機物の嫌気的分解は次式で与えられる.
$$C_nH_aO_bN + d\,H_2O \longrightarrow e\,CH_4 + f\,CO_2 + NH_4^+ + HCO_3^-$$
C, H, O の収支式を立て, d, e, f を求めよ.

8・2 食品系生ごみの組成を $C_{17}H_{29}O_{10}N$ とするとき, 問題 8・1 の結果を用いて発生ガス中のメタンガス濃度 (容積比率) を求めよ (100% 分解すると過程する).

8・3 メタンガスの温暖化効果は, 単位重量あたりで二酸化炭素の 28 倍 (地球温暖化係数, IPCC2013 による値) である. 焼却によって炭素が 100% CO_2 に転換されると仮定したとき, 食品系生ごみを埋立てることによって地球温暖化効果は焼却の何倍となるか計算せよ.

8・4 容器包装ごみのうち, ガラスびん, ペットボトル, 紙製容器包装, プラスチック製容器包装が, どのようにリサイクルされているかを調べてみよ. また回収量の増加傾向を確認せよ.

参 考 文 献

1) 松藤敏彦 著, "ごみ問題の総合的理解のために", 技報堂出版 (2007).
2) "平成 29 年版 環境・循環型社会・生物多様性白書", 第 2 部第 3 章 (2017).
3) オフィネット・ドットコム http://www.offinet.com/
4) 藤田賢二 著, "コンポスト化技術", 技報堂出版 (1993).
5) プラスチック循環利用協会 http://www.pwmi.or.jp/home.htm
6) アルミ缶リサイクル協会 http://www.alumi-can.or.jp/
7) スチール缶リサイクル協会 http://www.steelcan.jp/top.html
8) 廃棄物学会リサイクル・システム技術研究部会, "レアメタルの現状とリサイクルの最新の話題", 2007 年 11 月 21 日, 廃棄物学会小集会資料
9) 馬場研二 著, "地上資源が地球を救う", 技報堂出版 (2008).

演習問題解答

第1章

1・1 理想気体の混合物の平均分子量は，各成分について体積％×分子量を求め，全成分について加え，その値を 100 で除することにより求められる．主要 5 成分について計算すると

$$\frac{78.08 \times 28.01 + 20.95 \times 32.00 + 0.93 \times 39.95 + 0.036 \times 44.01 + 0.0018 \times 20.18}{100}$$

$$= 28.96$$

したがって，平均分子量 29.0 が得られる．主要 5 成分以下の成分を加えても平均分子量 29.0 としてよい．

1・2 $\dfrac{5\,\mu\mathrm{g} \times (0.12/0.60)}{0.020\,\mathrm{m}^3} = 50\,\mu\mathrm{g\,m^{-3}}$

SO_2 のモル質量 $= (32+16\times 2)\,\mathrm{g\,mol^{-1}} = 64\,\mathrm{g\,mol^{-1}}$，1 mol の気体の体積は $2.24 \times 10^{-2}\,\mathrm{m}^3$（0 ℃, 1 気圧）であるから

$$\frac{50 \times 10^{-6}\,\mathrm{g\,m^{-3}} \times 2.24 \times 10^{-2}\,\mathrm{m^3\,mol^{-1}}}{64\,\mathrm{g\,mol^{-1}}} \times 10^6 = 0.018\,\mathrm{ppmv}$$

日本の二酸化硫黄濃度の環境基準は 0.04 ppmv なので，環境基準以内である．

1・3 ① 二酸化硫黄：火力発電所などの大規模燃焼装置．二酸化窒素：自動車

② 二酸化硫黄：石油，石炭中の脱硫，大規模燃焼装置への脱硫装置の設置．二酸化窒素：自動車排ガスの規制

③ 自動車排ガスの規制にもかかわらず，自動車の総数が大きく増加したこと．二酸化窒素排出の主たる発生源であるトラック，バスなどの大型自動車からの二酸化窒素の排出削減が技術的に困難であったため．

④ ディーゼル車の排気規制が開始されたため．

1・4 §1・3・1，§1・3・2 および §1・4 参照．

1・5 §1・3・3 および p.16 のコラム参照．

1・6 ① 東アジア大陸で排出された硫黄酸化物が日本周辺に長距離輸送される越境大気汚染問題．

② 東アジア地域では，強い偏西風が卓越しており，大気は西から東に移動するため．

③ 過去の越境大気汚染問題：ヨーロッパ大陸において，ドイツ，フランスから排出された大気汚染物質が北欧に長距離輸送され，北ヨーロッパでの酸性雨，湖沼の酸性化をひき起こした．

対策：発生源をもつ国での大気汚染対策の強化，そのための周辺諸国間の国際的な協力．

1・7 ① 排ガス中の炭化水素，一酸化炭素を減らすには，燃料に対する空気の量を理論空燃比以上にして完全燃焼させればよい．しかし，そうすると窒素酸化物が増加する．

② 三元触媒を用い，排ガス中の窒素酸化物を触媒で還元して窒素に変え，炭化水素と一酸化炭素を触媒で二酸化炭素と水に酸化する．

第2章

2・1 Na^+イオン 46 ppm，Cl^-イオン 71 ppm．

2・2 国土面積と人口を考慮した1人あたりの年降水総量では，約 5000 m^3/人・年で，世界の値約 15,000 m^3/人・年の3分の1程度である．

2・3 たとえばユネスコの公開情報を通じて地図を手に入れる．http://typo38.unesco.org/en/about-ihp/associated-programmes/whymap.html を開き，"Maps on Groundwater Resources of the World" をクリックすると，全世界や各大陸の地下水地図をダウンロードすることができる．

2・4 中央アジアに位置するアラル海は，最近50年間でその面積を大きく変えたことで知られる．おもな原因は，湖に流入する河川水を農業用に大量使用したことである．かつては世界第4位の面積をもつ湖であったが年々縮小し元の1/3以下になった．近年の観測によると，ダム建設などによって，一部（北アラル海）は回復しつつある．衛星画像で比較できる．宇宙航空研究開発機構地球観測研究センター：http://www.eorc.jaxa.jp/imgdata/topics/2007/tp071128.html，口絵3参照．

2・5 超純水は，§2・4・3に記されるような水であるが，その水質は特に規定されておらず，製造方法や用途により違いがある．"純水"，"超純水"などをキーワードとして製造メーカーを検索し，製造方法や製造規模，水質が一様ではないことを確かめてみよ．

2・6 水に含まれる汚染成分の排出量は，その濃度と排出水量の積に等しい．汚濁した水に接触あるいは吸収したときに現れる影響は，汚染成分濃度が高いほど大きくなる例が多いことから，濃度を低く抑えるために，たとえば，濃度が1/1000になるように汚濁水を水で薄めたとすれば，1000倍もの多量の排水を行うことになる．排水水量が大量になると，汚染水の影響が局所から広域に拡散する可能性があり，また汚染水に接触する時間が長くなる場合があり，継続的に行われると慢性的な健康障害をひき起こす可能性も考えられる．いずれにしても汚染成分の排出は事前に防止する措置を講ずるべきである．

2・7 ストックホルム条約でPOPsに認定された物質は，DDT，アルドリン，ディルドリン，エンドリン，クロルデン，ヘプタクロル，ヘキサクロロベンゼン，マイレックス，トキサフェン（以上農薬，殺虫剤），PCB，PCDD，PCDF（以上ダイオキシン類）の12物質．すべて塩素を含む化合物である．その後，2015年までに14物質（または物質群：名称略）が指定されている．

第3章

3・1 N_A をアボガドロ定数 $(6.022\times10^{23}\,\mathrm{mol}^{-1})$ とすると

$$E = N_A h\nu = N_A hc\tilde{\nu}$$
$$= (6.022\times10^{23}\,\mathrm{mol}^{-1})\times(6.626\times10^{-34}\,\mathrm{J\,s})\times(2.998\times10^{8}\,\mathrm{m\,s}^{-1})\times 667\,\mathrm{cm}^{-1}$$
$$= 8.00\,\mathrm{kJ\,mol}^{-1}$$

3・2 $\lambda = \dfrac{1}{\tilde{\nu}} = \dfrac{1}{2349\,\mathrm{cm}^{-1}} = 4.26\,\mathrm{\mu m}$

モード3の振動に伴い、瞬間的に双極子モーメントを発生するので、赤外線を吸収する。

3・3 $351\,\mathrm{kJ\,mol}^{-1}$ に相当する波長を λ とすると

$$\lambda = \frac{1}{\tilde{\nu}} = \frac{(6.022\times10^{23}\,\mathrm{mol}^{-1})\times(6.626\times10^{-34}\,\mathrm{J\,s})\times(2.998\times10^{8}\,\mathrm{m\,s}^{-1})}{351\times10^{3}\,\mathrm{J\,mol}^{-1}} = 341\,\mathrm{nm}$$

3・4 (3・6)式より

$$T = \left\{\frac{0.7\,F_s}{4\,\sigma}\right\}^{\frac{1}{4}} = \left\{\frac{0.7\times1368\,\mathrm{W\,m}^{-2}}{4\times5.67\times10^{-8}\,\mathrm{W\,m}^{-2}\,\mathrm{K}^{-4}}\right\}^{\frac{1}{4}} = 255\,\mathrm{K}$$

3・5 参考文献2)などを参照

3・6 二酸化炭素の分子量を 44.01 とすると

$$\frac{10000\,\mathrm{kJ\,d}^{-1}}{2880\,\mathrm{kJ}}\times 6\,\mathrm{mol}\times 0.04401\,\mathrm{kg\,mol}^{-1} = 0.917\,\mathrm{kg\,d}^{-1}$$

3・7 半減期 (T) は初期濃度 $[\mathrm{A}]_0$ がその 1/2 (50%) になるまでの時間。よって

$$\frac{[\mathrm{A}]}{[\mathrm{A}]_0} = \frac{1}{2} = \frac{[\mathrm{A}]_0\mathrm{e}^{-kT}}{[\mathrm{A}]_0} = \mathrm{e}^{-kT}$$

それぞれの対数をとれば $\ln 2 = kT = \tau^{-1}T$ したがって, $T = 0.693\,\tau$

第4章

4・1 (4・5)式に与えられた値を入れると $[\mathrm{O}_3]$ の値は

$$\left\{\frac{(3\times10^{-12}\,\mathrm{s}^{-1})\times(1\times10^{-33}\,\mathrm{cm}^{6}\,\mathrm{molecule}^{-2}\,\mathrm{s}^{-1})\times(2\times10^{18}\,\mathrm{molecule\,cm}^{-3})}{(6\times10^{-4}\,\mathrm{s}^{-1})\times(6\times10^{-16}\,\mathrm{cm}^{3}\,\mathrm{molecule}^{-1}\,\mathrm{s}^{-1})}\right\}^{\frac{1}{2}}$$
$$\times(2\times10^{18}\,\mathrm{molecule\,cm}^{-3})\times 0.20 = 5\times10^{13}\,\mathrm{molecule\,cm}^{-3}$$

となって実測値の25倍となる。これは計算の近似が粗いからではなくて、実際の成層圏大気では大気輸送ならびにラジカル連鎖反応によるオゾン濃度の減少があるため(図4・2ならびに4・4参照)。

4・2 大気濃度が一定に保たれていることは、発生量と減衰量が一致していることを示す。つまり年間発生量は年間減衰量に等しい。年間減衰量を求めるには大気中メタン総量を寿命 τ で割ればよい。ここで $\tau = 1/[k(\mathrm{CH}_4 + \cdot\mathrm{OH})[\cdot\mathrm{OH}]]$ である。反応速

度定数の時間単位は秒 (s) であるから年 (y) に変換することに注意して計算すると，

$$\tau = \frac{1}{(6\times10^{-15}\text{ cm}^3\text{ molecule}^{-1}\text{ s}^{-1})\times(1\times10^6\text{ molecule cm}^{-3})\times(365\times24\times60\times60\text{ s y}^{-1})}$$
$$= 1/(0.19\text{ y}^{-1}) = 5\text{ y}$$

年間発生量は 5×10^{12} kg/5 y = 1×10^{12} kg y^{-1} と推定される．寿命の実測は $\tau = 12$ y であるから実際の発生量は 4×10^{11} kg y^{-1} である．上記の簡単な計算とよく合っている．

4・3 これらの分子は水素を含む結合をもつため大気中の・OH と速く反応する．そのため大気中の寿命が短いので大気環境に影響が少ない．しかし有毒性や可燃性があるので使用には注意が必要である．

4・4 温室効果ガスは対流圏からの熱放射を抑える効果をもつので，その増加とともに対流圏から成層圏へ流出する熱量が減少し，成層圏の温度は下がり，氷の小さな粒子（PSC）がたくさん生成してくる．すると表面反応（4・27）～（4・29）(p.96) が盛んになり，南極冬期に塩素 Cl_2 が成層圏に蓄積され，南極春季のオゾンホールは増大する．

第 5 章

5・1 1 時間に $60\div15 = 4.0$ L = 3.0 kg のガソリンが消費される．そのとき発生するエネルギー 48×10^6 J kg$^{-1}\times3.0$ kg = 1.4×10^8 J を時間 3600 s で割り，40×10^3 W = 40 kW となる．

5・2 エタノールの分子量は 46 だから 30 MJ kg^{-1} は 1380 kJ mol^{-1} に等しい．よって，$C_2H_5OH + 3O_2 \longrightarrow 2CO_2 + 3H_2O(l)$, $\Delta H = -1380$ kJ となる．

5・3 ヘキサン 1 mol は 86 g だから，ΔH の絶対値 4160 kJ mol^{-1} は，48400 kJ kg^{-1} = 48.4 MJ kg^{-1} となり，ガソリンの発熱量（48 MJ kg^{-1}）に近い．

5・4 燃やす石炭の発熱量は，効率 36% のとき 9.6 兆 kWh÷0.36 = 26.67 兆 kWh，効率 37% のとき 9.6 兆 kWh÷0.37 = 25.95 兆 kWh となる．その差 0.72 兆 kWh は 2.59 兆 MJ に等しいため，2.59 兆 MJ÷30 MJ kg^{-1} = 8.63×10^{10} kg = 8.63×10^7 トン = 8630 万トンが節約できる．

5・5（ヒント）水素の酸化は，H_2 の H 原子が触媒の金属原子に吸着して始まる．吸着力が弱すぎる場合，強すぎる場合にどうなるかがポイントとなる．参考文献 8）と 12）を参照．

5・6 5 カ月間に蓄積される化学エネルギーは，1 W = 1 J s^{-1} の関係を使い，145 W m$^{-2}\times10^4$ m$^2\times(3600\times24\times30\times5$ s$)\times0.01 = 1.88\times10^{11}$ J = 1.88×10^8 kJ となる．（5・10）式より，蓄積エネルギー 2880 kJ がグルコース 1 mol（180 g）に相当するとして，植物体の総重量は 180 g$\times(1.88\times10^8$ kJ$)\div2880$ kJ = 1.18×10^7 g = 11.8 t．このうち可食部は 11.8 t$\times0.5 = 5.9$ t．

5・7 発電エネルギーの総量は次のように計算できる．
145 W m$^{-2}\times10$ m$^2\times0.10\times(3600\times24\times365\times20$ s$) = 9.14\times10^{10}$ J = 9.14×10^4 MJ

これは $(9.14×10^4 \text{ MJ}) ÷ (3.6 \text{ MJ kWh}^{-1}) = 25400 \text{ kWh}$ にあたるため，20円 kWh^{-1} をかけて，約50万円相当分となる．

5・8 32 g の S が 172 g のセッコウ $CaSO_4 \cdot 2H_2O$ になるから，石炭100トン中のS (100トン×0.02 = 2トン) から生じるセッコウは $2×(172÷32) ≒ 11$ トン．

5・9 エタノール1 g は $30÷48 = 0.625$ g のガソリンに等価なので(表5・2)，節約できるガソリンは1440万トン．

5・10 CO_2 排出量の減少分は $6 \text{ トン}×3.24×10^8 = 1.94×10^9$ トンだから，世界全体の排出量の減少率は $1.94×10^9 ÷ (3.22×10^{10})×100 = 6\%$．

5・11 質量比"ガソリン：CO_2"が 14:44 だから，120円分のガソリン1 L (0.75 kg) は 2.36 kg の CO_2 になる．23億円分なら $2.36 \text{ kg}×(23×10^8 \text{円}/120\text{円}) = 4.5×10^7 \text{ kg} = 4.5$ 万トン．

【考察】日本の CO_2 排出量はむしろ少し増える(ガソリンの価格が下がればさらに増える)．なお，東京都の試算は"電力消費の減少を発電所が完璧に感知し，ボイラーで燃やす化石資源の量が減る"を前提にしていると推測されるが，電力消費のわずかな減少(東京都全体の0.1%程度)を完璧に感知するのはむずかしいため，CO_2 排出量の増加はずっと多いはず．

第6章

6・1 原子効率 $= \dfrac{94}{78+42+32}×100 = 62\%$

6・2 $AlCl_3$ を用いたときの環境因子 $= \dfrac{4.5 \text{ kg}}{1 \text{ kg}} = 4.5$

ゼオライト触媒を用いたときの環境因子 $= \dfrac{0.035 \text{ kg}}{1 \text{ kg}} = 0.035$

したがって $0.035/4.5 ≈ 1/130$ に減少．

6・3 $CO_2(+4) > HCO_2H(+2) > HCHO(0) > CH_3OH(-2) > CH_4(-4)$
( )内は酸化数．

6・4

6・5

$$H_3CO-\overset{\overset{O}{\|}}{C}-OCH_3 \xrightarrow[\text{フェノール}]{\text{PhOH}} H_3CO-\overset{\overset{O}{\|}}{C}-OPh + CH_3OH \xrightarrow{\text{PhOH}} PhO-\overset{\overset{O}{\|}}{C}-OPh + CH_3OH$$

フェノールが反応する機構はエチレンカーボネートに対するメタノール反応と同じ．

第7章

7・1 以下の8通り（主鎖は紙面上にある．また，◂X は紙面の手前に，⋯⋯X は紙面の向こう側に結合が伸びていることを表す）．一般に重合度 n の分子では 2 の n 乗通りになる．

7・2 類似点：それぞれアミノ酸，単糖，ヌクレオチドが縮合してできている．
相違点：構成単位の種類はタンパク質では20種類にも及ぶ．多糖では1種類から数種類，また核酸では DNA, RNA それぞれが4種類の構成単位でできている．

7・3 天然高分子は酵素のはたらきで，構成単位である単量体が縮合し，エステル，アミド，エーテル結合などによりつながっているものが多い．その部分を微生物の酵素が分解することでバラバラになる．一方，合成高分子の場合には主鎖が炭素でできているものが多く，化学的に安定で酵素分解も起こりにくい．

7・4 バイオマスプラスチックは，原料に植物・動物由来の有機性資源（つまりバイオマス）を使っていることが求められる．一方，グリーンプラスチック（生分解性プラスチック）は，原料の由来に関係なく，生分解性を有していることが求められる．したがって，原料にバイオマスを使っていて，さらに，生分解性もあるプラスチックは，バイオマスプラスチックであり，グリーンプラスチックでもある．

7・5 本書では，生分解型のプラスチックのことだけを述べているが，分解性プラスチックにはほかにつぎのようなタイプのプラスチックがある．
　　光崩壊型（カルボニル基導入系，添加物系），生物崩壊型（ブレンド系）
くわしくは，p.176 の参考文献 2)，あるいは"生分解性プラスチックのおはなし"，土肥義治 編，日本規格協会（1991）などを参照．

7・6 主として分別回収が困難と思われる分野での応用が考えられている．くわしくは p.176 の参考文献 5)，あるいは"生分解性プラスチックのおはなし"，土肥義治 編，日本規格協会（1991）などを参照．

第8章

8・1 $d=(4n-a-2b+7)/4$, $e=(4n+a-2b-3)/8$, $f=(4n-a+2b-5)/8$

8・2 $n=17$, $a=29$, $b=10$ を問題 8・1 の答えに代入すると $d=6.5$, $e=9.25$, $f=6.75$ となるので，$e/(e+f)=0.578$，すなわち 57.8% となる．

8・3 炭素の転換率を比較する．焼却は炭素 C がすべて CO_2 となる．嫌気性分解の場合，問題 8・2 より炭素の転換率は CH_4 が 9.25/17，CO_2 が 6.75/17 である．地球温暖化係数（p.68, 表 3・1 参照）は重量単位なので CH_4 と CO_2 のモル重量比を考慮し，$9.25/17+(6.75/17)\times(16/44)\times 28=4.59$ 倍となる．

注：バイオマス由来の二酸化炭素発生は，カーボンニュートラルとして温暖化効果に含めない．したがって焼却，埋立いずれも，CO_2 として発生するガスは含めない．

8・4 日本容器包装リサイクル協会のホームページ（http://www.jcpra.or.jp/）に関連するデータが掲載されている．

索　引

あ～う

iPS 細胞　162
IPCC（気候変動に関する政府間パネル）　57
アオコ　48
青　潮　49
赤　潮　48
アクリルアミド（AAM）　147, 148
アクリロニトリル（AN）　148
アジェンダ21　3
足尾銅山鉱毒事件　49
アジピン酸　137, 163
アダマンタン　138
アダマンタンポリオール類　138
アナスタス（Anastas）　3
アラニン　131
アラル海　40
亜硫酸　14
亜硫酸ガス　11
アルカン
　──の触媒的酸素酸化　136
アル・ゴア（Al Gore）　57
アルコール
　──の触媒的酸素酸化　133
R 体　130
RDF　182
RPF　183
α ヘリックス構造　160
アルベド　66
アルミ缶リサイクル　189
アンモキシメーション法　142
アンモニア　11
EANET（東アジア酸性雨モニタリングネットワーク）　18

ES 細胞　161
硫黄含有量
　燃料の──　119
硫黄酸化物　13
イオン液体　149, 150
イオン交換膜　44
ECF パルプ　184
イタイイタイ病　50
一次エネルギー　99
　世界人口と──　100
一次反応　69
一酸化炭素　11
一酸化窒素　15
一酸化二窒素　10, 75
ETBE　118
E-ファクター　127
イミダゾリウム塩　150
飲料水　53
雨　水
　──の化学組成　34

え，お

SO_x（→ 硫黄酸化物）　13
S 体　130
SPM（浮遊粒子状物質）　16, 22
エチレンカーボネート　147
HFC（フッ化炭化水素）　94
HO_x サイクル　92
HCFC（フッ化塩化炭化水素）　94
NHPI 触媒　136
NMVOC（非メタン揮発性有機化合物）　16
NO_x（→ 窒素酸化物）　11, 15, 21, 92
NO_x サイクル　92

エネルギー
　──とその変換　103
　──の供給・消費量　99
エネルギー収支
　地球の──　66
　バイオ燃料の──　120
エネルギー消費　114
エネルギー変換　103
エネルギー変換効率　108, 112
　光合成の──　117
　太陽光──　115
　発電の──　108
エネルギー保存則　103
MFI 型高シリカゼオライト触媒　142
LCA（ライフサイクルアセスメント）　123, 178
エーロゾル　96
エンジニアリングプラスチック　165, 172
エンタルピー変化　105
エントロピー　106
オイルシェール　101
オガララ帯水層　39
オキシダント　16
　──と二次粒子の生成　17
オキシム　142
オゾン　11, 81
　──を用いる浄水処理　43
オゾン全量　83
オゾン層　7, 81～
　──破壊の化学反応　88
オゾン層破壊係数（ODP）　93
オゾン濃度　87
オゾンホール　81, 83
　──と極域成層圏雲　95
温室効果　9
温室効果ガス　58, 66
　──濃度の経年変化　69
　人間活動と──　72

温暖化　56
温暖化対策　77

か～く

開環重合　163
改　質　112
海　水
　――の化学組成　34
海水淡水化　43
海氷面積　58
海洋汚染　51, 167
化学エネルギー　104
化学的酸素要求量（COD）
　　　　　　　　　　47
核　酸　159
可採年数
　エネルギー源の――　101
過酸化水素　12
　――による触媒的酸化
　　　　　　　　　　139
可視光　59, 114
化石資源　99
化石燃料　101
河川水
　――の化学組成　34
ガソホール　119
ガソリン・LPG 乗用車規制
　　　　　　　　　　25
家畜排せつ物管理法　181
活性汚泥法　41
活性炭　43
家電リサイクル法　181, 190
カドミウム　50
ε-カプロラクタム　141, 164
ε-カプロラクトン　172
カーボンニュートラル　120
ガラスびんリサイクル　189
火力発電　108
　――に使う燃料の比率
　　　　　　　　　　110
カルノー機関　108
カレット　189
カロザース（Carothers）　162
環境因子　127, 130
環境基準
　水質――　46
　大気――　12
環境基本法　3

環境負荷　179

気　温　58
キガリ改正　88
気候変動　2, 56
気候変動に関する政府間パネル
　　　　　　　（IPCC）　57
気候変動枠組条約締約国会議
　　　　　　　　（COP）　79
気相ベックマン転位　141
揮発性有機化合物（VOC）　16,
　　　　　　　　　　49
ギブズエネルギー　106
ギブズエネルギー変化　107
逆浸透法　44
吸収効率　70
吸収端エネルギー　114
急速砂ろ過方式　42
共重合体　170
鏡像異性体　130
京都議定書　79
極域成層圏雲（PSC）　95
極性結合　62
極性分子　62
キーリング曲線　74
均一系触媒　135
金触媒
　――による酸素酸化反応
　　　　　　　　　　141
菌体触媒反応　148

空燃比　27
クライゼン転位反応　150
クリック（Crick）　160
クリックケミストリー　129
グリーンケミストリー（GC）　3
　――と省エネルギー　102
　――の12箇条　3
　――の表彰　5
グリーン購入法　181
グリーン・サステイナブルケミ
　　　ストリー（GSC）　4
　――賞　5, 53
グリーンプラスチック　166,
　　　　　　　　　　168
　――の用途　175
グルコース　117, 118
クルッツェン（Crutzen）　1, 85
クロロフィル　116
クロロフルオロカーボン（CFC）
　　　　　　　　12, 75, 88

クロロプレン　162

け、こ

ケギン構造　144
下水処理　41
ケミカルリサイクル　181
原子効率　127
原子力エネルギー　100
建設リサイクル法　181
原　油　99

公害対策基本法　2
公害病　50
光化学オキシダント　16, 23
光化学スモッグ　16
工業用水　40
光合成　10
　――とエネルギー　116
　――とオゾン層　82
光　子　114
降水量　36
合成ガス化　186
合成収率　127
高度浄水処理　43
高炉還元剤　188
小型家電リサイクル法　181
コークス炉化学原料化　186
国設大気測定網　20
黒体放射　64
コージェネレーション　113
古紙回収率　184
古紙パルプ　184
古紙リサイクル　183
固体酸　142
固定価格買取り制度　123
コペンハーゲン改正　88
ごみ燃料　182
ごみ発電　182
コンバインドシステム　186
コンパウンド発電　109

さ、し

再使用　180
再生可能エネルギー　103
再生利用　180

索　引

酢酸エチル
　──製造プロセス　144
サーマルリサイクル　181
酸化数
　炭素原子の──　132
酸化度　132
酸化反応
　触媒的──　132
三元触媒　28
三元触媒コンバーター　27
産出/投入比
　太陽光発電の──　122
酸性雨　17
酸性化
　海水の──　58
残留性有機汚染物質(POPs)　50
GSC(グリーン・サステイナブルケミストリー)　4
GSC賞　5, 53
CFC(クロロフルオロカーボン)　75
CFC-11　88
CFC-113　11, 88
CFC-12　11, 88
ClO_xサイクル　92
COD(化学的酸素要求量)　47
紫外線　82
　──とオゾン層　85
軸不斉　130
シクロヘキサノンオキシム　142
シクロヘキサン
　──からアジピン酸合成　137
資源有効利用促進法　181
仕事率　103
GC(→グリーンケミストリー)　3
自浄作用
　河川における──　46
自然起源　58
持続可能な開発　3
GWP(地球温暖化係数)　58, 67
湿性沈着　18
自動車排ガス　27
自動車リサイクル法　181
ジメチルテレフタラート(DMT)　189
N,N-ジメチルホルムアミド　149

シャープレス(Sharpless)　129, 131
自由エネルギー　107
重金属
　──による汚染　49
重　合　162
重縮合　163
縮合重合　163
シュタウディンガー(Staudinger)　157
シュテファン・ボルツマンの法則　64
寿　命　(→滞留時間もみよ)
　大気中の化学種の──　69
ジュール　103
循環型社会　180
循環型社会形成推進基本法　181
省エネルギー　102
硝　酸　12
硝酸塩素　96
硝酸ペルオキシアシル(PAN)　16
浄水処理　42
蒸発法　44
触　媒　4, 28, 132
触媒的酸化反応　132
食品リサイクル法　181
食物連鎖　51
白川英樹　158
人為起源　58
人工多能性幹細胞　162
信頼区間　58

す〜そ

水質汚濁　47
水質環境基準　46
水素結合　33, 159
水力エネルギー　100
水力発電　41
スチール缶リサイクル　189
ストックホルム条約　50
スモッグ　13, 16
3R (Reduce＞Reuse＞Recycle)　180
スルホン化
　アダマンタンの──　138
生活用水　41

成層圏　7, 8
　──オゾン層　7, 81
生物化学的酸素要求量(BOD)　47
生物濃縮　51
生分解性　168, 173
生分解性プラスチック　166
ゼオライト触媒　142
赤外線　58
石　炭　100
　──とコスト　110
石　油　100
セルロース　159
選択触媒還元(SCR)　29
相　135
1,3-双極子付加反応　129
双極子モーメント　62
速度式　69, 89
速度定数　69
SO_x(→硫黄酸化物)　13

た, ち

ダイオキシン　50
大　気　7〜
　──の構造　7
　──の成分　9, 11
大気汚染物質　12
大気反応機構　85
帯水層　33, 38
代替フロン　94
第二水俣病　50
堆肥化　184
太陽エネルギー　116
太陽光スペクトル　65, 115
　──の高度変化　86
太陽光発電　121
太陽定数　66
太陽電池　114, 121
　p-n接合型──　121
対流圏　7
滞留時間　69
大量消費・廃棄　180
タキソール　6
脱　硝　24
脱　硫　26
　──と火力発電　110
多糖(類)　158

タンパク質　158
単量体　162

地下水　38
　——使用状況［表］　39
　——の汚染　49
地下水涵養　38
地球温暖化　56
　——の停滞　76
地球温暖化係数（GWP）　58, 67
　——［表］　68
チーグラー（Ziegler）　166
窒素酸化物　11, 15, 21
チャップマン（Chapman）　85
中間圏　7
超純水　45
超臨界二酸化炭素　149
超臨界流体　149
『沈黙の春』　2

て, と

DEP（ディーゼル排気微粒子）　28
DNA　160
DMT法　188
DO（溶存酸素量）　47
TON（ターンオーバー数）　149
TOF（ターンオーバー頻度）　149
TCFパルプ　184
ディーゼル車　21
ディーゼル重量車規制強化　25
ディーゼル排気微粒子（DEP）　28
DDT　50
DU（ドブソン単位）　82
ディールス・アルダー反応　128
デバイ　63
テレフタル酸　139, 189
電解質　33, 43
電気陰性度　32
電気透析法　44
電磁波　59
電子ボルト　103
電池　111
天然ガス　100
天然高分子　156〜158

デンプン　159

都市鉱山　192
都市鉱床　191
ドブソン単位　82
トリアゾール　129
N,N,N-トリヒドロキシイミノシアヌル酸（THICA）　139

な 行

ナイロン　162, 163
ナイロン6　141, 164
ナイロン66　137, 163
ナッタ（Natta）　166
Nafion　145
生ごみリサイクル　184

二酸化硫黄　11, 13, 20
二酸化炭素　10, 58, 73
　——の構造　63
　——の振動　61
　——の排出量　78
二酸化窒素　21
二次エネルギー　99
二重らせん構造　161
ニトロアルカン　139

熱圏　7
熱電併給　113
燃焼エンタルピー　105
燃料
　——の硫黄含有量［表］　119
　——の発熱量　105
燃料電池　111
燃料電池自動車　113

農業用水　39
NO$_x$（→ 窒素酸化物）　11, 15, 21
NO$_x$サイクル　92
野依良治　131
ノールズ（Knowles）　131
ノンフロン　94

は, ひ

ハイエイタス　76

排煙脱硝　26
排煙脱硫　26
バイオエタノール　118, 173
バイオ触媒反応　147
バイオディーゼル燃料（BDF）　119
バイオ燃料　118
バイオプラスチック　166
　——の評価の方法　173
　——の用途　174
バイオプロセス　169
バイオポリエチレン　173
バイオマス　99, 114
バイオマスプラスチック　166, 168
バイオレメディエーション　52
排ガス規制　21
胚性幹細胞　161
BINAP　131
パクリタキセル　6
白金　113, 191
発生抑制　180
発電効率　108
発熱量
　燃料の——　105
VO(acac)$_2$触媒　138
Pd-HAP触媒　135
パリ協定　79
パルプ　183
ハロカーボン（類）　75, 88
ハロン　81
半減期　69
半合成高分子　156
反応速度　69
反応律速段階　91
pH
　自然の雨の——　18
PAN（硝酸ペルオキシアシル）　16
PAFC（リン酸型燃料電池）　112
PSC（極域成層圏雲）　95
PM2.5（微小粒子状物質）　22
BOD（生物化学的酸素要求量）　47
東アジア酸性雨モニタリングネットワーク（EANET）　18
光エネルギー変換　114
PCB（ポリ塩素化ビフェニル）　50

索　引

ビスヒドロキシエチレンテレフ
　　タラート（BHET）　189
ビスフェノールA　145
非電解質　33
ヒドロキシアパタイト（HAP）
　　　　　　　　　133
3-ヒドロキシ吉草酸　170
N-ヒドロキシフタルイミド
　　　　　　　（NHPI）　136
3-ヒドロキシヘキサン酸　170
3-ヒドロキシ酪酸　170
4-ヒドロキシ酪酸　170
ヒドロキシルラジカル　89
ビニル基　162
ppm　73
ppmv　89
ppt　73
pptv　89
ppb　73
ppbv　89
非メタン揮発性有機化合物
　　　　　　（NMVOC）　16
ピリジニウム塩　150

ふ〜ほ

VOC（揮発性有機化合物）　16,
　　　　　　　　　49
フィードバック効果
　温暖化における——　71
フィブロイン　160
富栄養化　48
フェルミ準位　122
付加重合　162
付加縮合　164
不均一系触媒　135
複合材料　156
複合発電　109
不斉合成　130
不斉炭素原子　130
フタルイミドN-オキシル
　　　　　　（PINO）　136
フッ化塩化炭化水素　94
フッ化炭化水素　94
物質循環
　——と大気化学反応　84
浮遊粒子状物質（SPM）　16,
　　　　　　　　　22
プラスチック　155, 156

——の環境問題　167
——の生分解性　168, 174
——のリサイクル　167, 186
プランク定数　61
フリーラジカル　14
フルオレノン　137
ブレンステッド酸　144
フロン（→ クロロフルオロカー
　　ボン）　12, 75, 81, 88
　代替——　94
フロン113　11
フロン12　11
分　極　62
閉鎖性水域　48
βシート構造　160
ベックマン転位　141, 143
PET（ポリエチレンテレフタ
　　ラート）　139, 155, 156
ペットボトル
　——の化学分解　188
ヘテロ原子　132, 144
ヘテロポリ酸　144
ベネフィット
　——とリスク　1
ペプチド結合　159

放射強制力　58, 68
放射性炭素年代測定法　173
ホスゲン　145
POPs（残留性有機汚染物質）
　　　　　　　　　50
ポリアミド　163
ポリアミド11（PA11）　172
ポリエステル　155, 163
ポリエチレン　155, 162
　バイオ——　173
ポリエチレンスクシナート
　　　　　　　（PES）　172
ポリエチレンテレフタラート
　　　　　　　（PET）　155, 156
ポリオキソ酸　144
ポリカプロラクトン（PCL）
　　　　　　　　　172
ポリカーボネート　145
ポリ原子　144
ポリテトラフルオロエチレン
　　　　　　　　　164
ポリトリメチレンテレフタラー
　　ト（PTT）　172
ポリ乳酸（PLA）　169

ポリヒドロキシアルカノエート
　　　　　　　（PHA）　170
ポリブチレンスクシナート
　　　　　　　（PBS）　172
ポリペプチド　159
ポリマー　156, 162

ま　行

マイクロプラスチック　167
マテリアルリサイクル　181
マンガン乾電池　111
水
　——使用量　36
　——の構造　32, 63
　——の循環　35
　地球上の——　［表］　34
水資源収支　40
水資源賦存量　37, 53
水溶媒　150
水俣病　50
ミランコビッチサイクル　76
メタクリル酸メチル（MMA）
　　　　　　　　　140
メタン　10, 75
　——の構造　63
メタンハイドレート　75
メタン発酵　185
メリフィールド（Merrifield）
　　　　　　　　　161
l-メントール　131
木材パルプ　183
モノマー　162
モノマー化　188
モリーナ（Molina）　84
モントリオール議定書　84, 88

や〜わ

山中伸弥　162

有機水銀　50
有機溶媒　52, 149
油　化　188

索　引

油頁岩　101
UV　82

容器包装リサイクル法　181
揚　水
　　過剰――　38
揚水発電　42
溶存酸素量(DO)　47
溶　媒　52, 149

ライフサイクル　177
　　――とリサイクル　178
ライフサイクルアセスメント
　　　　(LCA)　123, 178
　　――の概念図　177
ラクタム　163

ラジカル　14, 88
ラジカル自動酸化反応　136
ラジカル連鎖反応
　　――によるオゾン層破壊　90
ランベルト・ベールの法則　70

リサイクル　177～
　　――に関する法律　181
　　海外に依存する――　187
リザーバー分子
　　塩素の――　96
リスク　1
リターナブルびん　189
立体規則性　166
立体規則性重合　166
リビング重合　165

硫　酸　13
リン酸型燃料電池(PAFC)
　　　　112

ルテニウム触媒　134, 149
Ru-HAP触媒　134

レアメタル　191
冷蔵庫
　　――の解体フロー　190

ローランド(Rowland)　84
ロンドンスモッグ　13

ワトソン(Watson)　160
ワーナー(Warner)　3

荻野和子
1937年 中国撫順市に生まれる
1960年 東北大学理学部 卒
東北大学医療技術短期大学部名誉教授
専門 無機化学
理学博士

竹内茂彌
1939年 大阪市に生まれる
1963年 富山大学工学部 卒
富山大学名誉教授
専門 高分子化学
工学博士

柘植秀樹（1942〜2016）
1942年 東京に生まれる
1965年 慶應義塾大学工学部 卒
元 慶應義塾大学理工学部 教授
専門 化学工学
工学博士

第1版 第1刷 2002年4月1日 発行
第2版 第1刷 2009年3月25日 発行
第3版 第1刷 2018年1月9日 発行
　　　第4刷 2023年11月28日 発行

環境と化学 グリーンケミストリー入門
第3版

Ⓒ 2018

編集　　荻野和子
　　　　竹内茂彌
　　　　柘植秀樹

発行者　　石田勝彦
発　行　　株式会社 東京化学同人
東京都文京区千石 3-36-7（〒112-0011）
電話 03-3946-5311・FAX 03-3946-5317
URL: https://www.tkd-pbl.com/

印刷・製本　　日本ハイコム株式会社

ISBN978-4-8079-0933-9
Printed in Japan
無断転載および複製物（コピー，電子データなど）の無断配布，配信を禁じます．